# 谷子 病虫草害防治
## 原色生态图谱
### （第二版）

刘　佳　李志勇　董志平　主编

中国农业出版社
北　京

# 第二版编者名单 ■■■

| 主　　编 | 刘　佳 | 李志勇 | 董志平 | | |
|---|---|---|---|---|---|
| 副 主 编 | 董　立 | 马继芳 | 白　辉 | 全建章 | 王永芳 |
| 参编人员 | 张梦雅 | 刘　磊 | 郑　直 | 石爱丽 | 高立起 |
| | 李青松 | 谢剑锋 | 贾丽霞 | 翁巧云 | 朱晓明 |
| | 刘　杰 | 勾建军 | 李秀芹 | 刘　莉 | 崔　彦 |
| | 李瑞德 | 苏增朝 | 郭丽伟 | 王孟泉 | 张占飞 |
| | 夏晓静 | 江彦军 | 张立娇 | 徐　靖 | 林永岭 |
| | 焦素环 | 康　健 | 蔡晓玲 | 郑贵银 | 刘　旺 |
| | 李素军 | 吕雅楠 | 王　千 | 霍福堂 | 韩胜魁 |
| | 张国华 | 李永平 | | | |

## 第一版编者名单 ∎∎∎

**主　　编**　董　立　马继芳　董志平

**副 主 编**　甘耀进　李志勇　宋银芳

**参编人员**　李立涛　朱彦彬　白　辉　郑　直　高立起

　　　　　　李青松　石爱丽　赵立强　陈晓昀　全建章

　　　　　　王新玉　刘　磊　王新栋　周文华

# 第二版 前 言
## FOREWORD

　　谷子起源于我国，是哺育中华民族的古老作物。作为我国的特色杂粮，谷子在东北、华北和西北地区广泛种植，常年播种面积 2 000 万亩*左右，占世界谷子播种面积的 80%。谷子抗旱、耐瘠、耐盐碱，是低耗水、低耗肥的环境友好型作物，对于缓解我国北方农区缺水现状，建设节水型生态农业具有重要意义。去壳后的谷子俗称"小米"，其营养丰富且均衡，富含不饱和脂肪酸、维生素、膳食纤维及钾、铁等矿物质，具有益丹田、补虚损、开肠胃的滋补功效，是老、弱、病，特别是孕产妇恢复身体和婴幼儿健康成长的优良食品。近年来，随着杂粮热的兴起，谷子出口量稳步增长，已经成为我国的特色创汇杂粮。谷子收获后留下的谷草营养丰富，是畜牧业的优质饲料，在目前耕地紧缺的情况下，是解决粮、草争地矛盾的首选粮饲兼用型作物，发展前景广阔。

　　谷子作为一种古老作物，在逐渐适应我国不同地区气候条件和复杂地理生态环境过程中，形成了病虫草害种类的多样性、

---

　　* 亩为非法定计量单位，1 亩 ≈ 667 米$^2$。余后同。——编者注

复杂性和典型性。目前，受全球气候变暖，耕作条件改变，单一高产品种规模化、产业化种植等因素影响，谷子有害生物种群结构和数量也出现了一些新变化，主要表现在新的病虫不断发生，一些已控制的病虫又有猖獗，部分次要病虫为害加剧，每年因此造成的损失巨大。同时，随着人们对健康饮食关注度的提高，一些农药被禁用，对谷子病虫草害的防治也提出了新的要求。因此，针对新问题研究开发新的防控方法已经成为控制谷子病虫草为害，为人们提供安全、绿色的谷子产品，保证谷子产业健康发展的首要任务。

为了解决谷子生产中的这些突出问题，我们对危害我国谷子生产的病虫草害种类及发生规律进行了长期跟踪调查与系统监测，拍摄了大量田间生态图片，并采集病虫标样，通过分离培养和饲养鉴定，研发新的防控技术，再到田间进行试验示范。在长期深入基层的调研过程中，我们强烈感受到了谷子种植者及各级技术人员对实用化、简约化谷子植保技术的迫切需求，曾于2013年出版了《谷子病虫草害防治原色生态图谱》，在全国谷子产区得到了广泛认可与应用。近十年来，在国家现代农业谷子高粱产业技术体系（CARS-06-14.5-A25）、河北省谷子产业技术体系（HBCT2024080204）、河北省农林科学院基本科研业务费包干制项目（HBNKY-BGZ-02）等的支持下，我们对谷子病虫草害的研究不断创新并取得了一些新的进展。同时，随着我国科技实力的增强，对谷子等杂粮作物投入的不断增加，已使谷子产业化生产水平大幅度提高，目前无人机喷雾已经普及，谷子种、管、收机械化也在不断完善，对农田施用农药的剂型、毒性、用量等都提出了新的要求。为了准确反映目前谷田病虫草害的发生形势及新的研究进展，适应谷子产业化、现代化发展需求，我们对该书进行了部分修订、更新和进一步的完善，力求科学与实用相结合，更好地服务产业发展。

本书共记述了当前谷子生产上的主要病害11种、虫害24种、草害33种，更新并收录彩色图片300多张，对每种病虫草害的为害特点、识别特征、调查要点及防治技术进行了更加具体的阐述，病害部分增加了病原菌、可视化的病害循环图、新研发的绿色防控策略和技术，虫害部分完善了防治指标，草害部分添加了种类和特点，使本版更加通俗易懂，让读者更易掌握会识别、会调查、会防治的技术。同时，本书还根据谷子种植大户、体系专家要求，在附录里列入了"谷子病虫害田间诊断症状检索表"和"谷子主要病虫草害全程绿色防控技术"，便于大家参考。

在本书编写过程中得到了国家现代农业谷子高粱产业技术体系岗位专家、试验站站长及其团队成员的大力支持和帮助，在此表示衷心的感谢！由于编者水平有限，不妥之处在所难免，敬请读者和同行批评指正。

编　者

2023年7月

谷子起源于我国，是哺育中华民族的主要粮食作物。作为我国的特色杂粮作物，谷子在东北、华北和西北地区广泛种植，常年播种面积2 000万亩左右，占世界谷子播种面积的80%。谷子具有抗旱、耐瘠、耐盐碱等特性，是低耗水、低耗肥的环境友好型作物，对于缓解我国北方农区缺水现状，建设节水型生态农业具有重要意义。谷子去壳后的产品小米营养丰富且均衡，富含不饱和脂肪酸、维生素、膳食纤维及钾、铁等矿物质，具有益丹田、补虚损、开肠胃的滋补功效，是老、弱、病人，特别是孕产妇恢复身体和婴幼儿健康成长的优良食品。近年来，随着杂粮热的兴起，谷子出口量稳步增长，已经成为我国的特色创汇杂粮。谷草营养丰富，是发展畜牧业的优质饲料，在目前耕地紧缺的情况下，是解决粮、草争地矛盾的首选兼用型作物，发展前景无限广阔。

　　谷子作为一种古老的作物，在逐渐适应我国不同地区气候条件和复杂的地理生态环境过程中，形成了为害谷子的病虫草种类的多样性、复杂性和典型性。近年来，受全球性气候变暖、耕作条件改变、单一高产品种大面积推广等因素影响，谷子有害生物种群结构和数量也出现了一些新变化，主要表现在新的病虫不断发生，一些已控制的病虫又有猖獗，部分次要病虫为害加剧，每年因此造成的损失巨大。同时，随着人们对健康饮食关注度的提高，一些高毒农药被禁用，对谷子病虫草害的防治提出了新的要求。因此，针对新问题研究开发新的防控方法已经成为当前控制我国谷子病虫草为害，为人们提供安全、无公害的谷子产品，保证谷子产业健康发展的首要任务。

为了解决谷子生产中这一突出问题，在河北省自然科学基金项目"谷子病虫草普查及种类鉴定研究"（C2004000699）、国家现代农业谷子糜子产业技术体系（CARS-07-12.5-A8）的支持下，我们对危害我国谷子生产的病虫草害种类和发生规律进行了广泛调查、监测，拍摄了大量原色生态图片，并从田间采集病虫标样，在室内进行分离培养和饲养鉴定，研发防控技术，再到田间进行试验示范。在长期深入基层的调查过程中，我们强烈感受到广大农民群众及各级技术人员对实用化、简约化谷子植保技术的迫切需求。为此，我们组织编写了《谷子病虫草害防治原色生态图谱》。本书共记述了当前谷子生产上的主要病害11种、虫害25种、草害33种，展示彩色图片近300张，对每种病虫害的为害特点、识别特征、调查要点及防治技术进行了具体阐述，力求使读者看得懂、会识别、会调查、会防治。同时，本书还根据体系专家和品种区试试验要求，对谷子主要病虫害抗性鉴定方法及评价标准进行了详细的介绍，便于对品种抗性和病虫害发生程度进行科学记载和评价。

在本书编写过程中得到了现代农业谷子产业技术体系专家、试验站站长及其团队成员的大力支持和帮助，在此表示衷心的感谢！由于水平有限，错误在所难免，请读者和同行批评指正。

编 者

2012年12月

# 目 录
CONTENTS

# 三、谷田杂草　　　　　　　　　　　110

# 一、谷子病害

## 1.谷锈病

谷锈病的病原菌为粟单胞锈菌（*Uromyces setariae-italicae*），属担子菌亚门单胞锈菌属真菌（图1-1）。在各谷子产区均有发生，尤以河南、山东、河北、辽宁等地发生较重，锈病是谷子上的重要流行性病害，流行年份一般减产30%以上，严重地块甚至颗粒无收。20世纪80年代，由于豫谷1号、冀谷11、金谷米等高感锈病品种的大面积推广，使得谷锈病在全国流行为

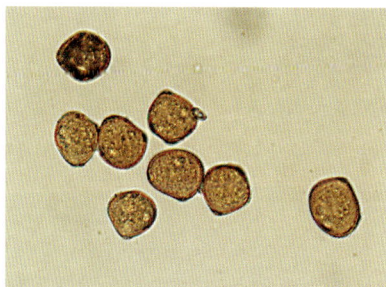

图1-1　谷锈病病原菌夏孢子

害，90年代后期，通过培育以抗源鲁谷2号为代表的抗病品种，使该病得到了有效控制。近年来，该病发病率在辽宁朝阳、河北承德、河北沧州、河南安阳等地均有回升，局部发生严重，特别在南方谷子新产区如贵州黄平、浙江东阳等地有些地块发病较重，应该引起高度重视。

[病害特征]　谷锈病可为害叶片（图1-2）和叶鞘（图1-3），但在叶片上发生更加严重。发病初期在叶片两面，特别是背面产生红褐色夏孢子堆。夏孢子堆稍隆起，圆形或椭圆形，直径约1毫米，成熟后突破表皮而外露，周围残留表皮，散出黄褐色

图1-2 谷锈病为害叶片状

图1-3 谷锈病为害叶鞘状

粉末状物，即夏孢子。严重时夏孢子堆布满叶片，造成叶片枯死（图1-4），茎秆柔软，籽粒秕瘦，遇风雨易倒伏，甚至造成绝产（图1-5）。抗病品种的夏孢子堆较小，孢子堆周围寄主组织枯死或失绿，或仅产生微小病斑，夏孢子堆不能突破表皮而扩散。据记载，发病后期在病株叶片和叶鞘的表皮下可见散生黑色小斑点，圆形或椭圆形，即冬孢子堆，但是在北方极少见。在印度，冬孢子萌发产生担孢子侵染破布木（*Cordia rofsii*），形成性孢子和锈孢子，锈孢子再侵染谷子，完成整个侵染世代。而我国北方未见破布木，以夏孢子完成整个病害侵染循环。谷子锈菌为专性寄生菌，有高度的致病性分化，各地存在不同的生理小种。

图1-4 谷锈病造成叶片干枯

图1-5 谷锈病严重发生导致绝产

[发生规律]　谷锈病为流行性病害，主要发生在谷子生长中后期，一般在谷子抽穗前后开始发病。以夏孢子随谷草、肥料在干燥场所越冬，或随病残体在田间越冬，成为翌年初侵染源。夏孢子遇雨水飞溅到叶片上，萌发后通过气孔侵入，在表皮下或细胞间隙中生长，7天后产生夏孢子堆。夏孢子堆成熟后散出大量夏孢子，通过风雨传播形成再侵染。气候条件合适则很快形成发病中心，并向全田扩散，引起该病的暴发流行，其病害侵染循环如图1-6所示。流行过程一般可分为3个时期：发病中心形成期——发病初期病叶率逐渐增加，严重度没有发展，在田间形成明显的发病中心；普遍率扩展期——由发病中心向全田迅速扩展，全田普遍发病，病株率、病叶率急剧增加，为田间流行提供了充足菌源；严重度增长期——病株率、病叶率达到顶峰，发病程度急剧增加，引起植株倒伏，严重影响产量。在华北地区，7月下旬至9月中旬是谷锈病的

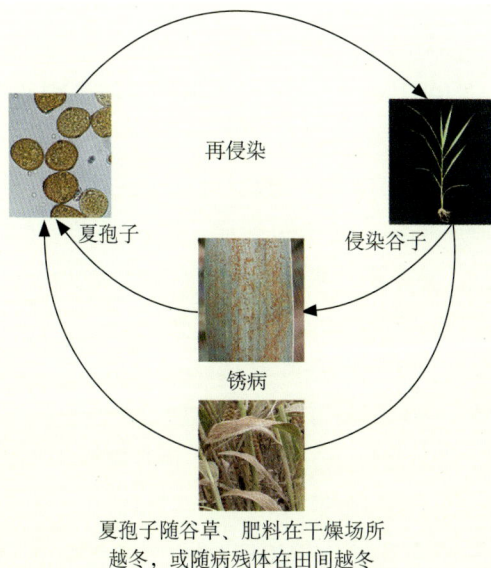

再侵染

夏孢子

侵染谷子

锈病

夏孢子随谷草、肥料在干燥场所
越冬，或随病残体在田间越冬

图1-6　谷锈病病害侵染循环图

主要流行时期。高温多雨有利于病害发生。7—8月的降水量是决定当年锈病流行程度的关键因素，降水多则发病重，干旱年份发病轻。低洼地和氮肥使用过多、密度过大田块发病重。谷子品种间抗病性差异明显。谷锈菌除为害谷子外，还可以侵染狗尾草、谷莠子等。

[调查要点]　在谷子拔节后注意调查谷子叶片上有无锈菌夏孢子堆，在田间出现发病中心时应及时防治。

[防治技术]

（1）**种植抗（耐）病品种**：培育和种植抗（耐）病品种是防控该病最经济有效的措施。21世纪以来，河北省农林科学院谷子研究所植物保护研究室利用鉴定出的9份高抗锈病资源与生产品种进行杂交，选育出系列高抗锈病、农艺性状优良的抗锈品种或品系，如冀创1（复1）、复12、复28、532等，2008年提供给育种单位进行应用，并对全国育种单位培育的新品种（系）进行抗锈性鉴定，其中冀创1、冀创2、冀创K11、冀创K12、朝谷13、朝阳17、朝阳18、2016-15、2016-42、燕1001、资源62、浙粟1、浙粟2、浙粟3、济糯谷1号、济0819-10、济10H174、汾133、承646、承17-N1372、张81、九201917、K64-1、长农50等品种（系）抗锈性突出，可以作为抗锈品种或者抗源来加强抗锈育种，避免谷锈病的再次暴发流行。

（2）**农业防治**：加强田间管理，合理密植。雨季田间及时排水，少施氮肥，增施磷、钾肥，提高植株抗病力。及时清除田间杂草，尤其是谷莠子和狗尾草等锈菌的寄主。

（3）**化学防治**：田间病叶率1%～5%时，可选用15%三唑酮可湿性粉剂60～80克/亩、12.5%烯唑醇可湿性粉剂30～50克/亩、50%丙环唑微乳剂30～40毫升/亩、10%苯醚甲环唑水分散粒剂40～60毫升/亩、30%苯甲丙环唑悬浮剂10～20毫升/亩、12.5%氟环唑悬浮剂20毫升/亩或250克/升嘧菌酯悬浮剂65～80克/亩等药剂喷雾，病害发生严重时，间隔7～10天再防治1次。

## 2.谷瘟病

谷瘟病的病原菌为稻梨孢菌（*Pyricularia oryzae*）（图2-1），属无性态真菌类群丝孢目梨形孢属真菌。在我国谷子产区普遍发生，是谷子上重要的气传流行性病害。20世纪70年代曾在吉林、山西、河北、山东等地严重发生，随着以豫谷1号为代表的抗谷瘟病品种的推广，该病得到了有效控制。但是，豫谷1号等品种高感谷锈病，20世纪80年代引发了谷锈病的大流行，

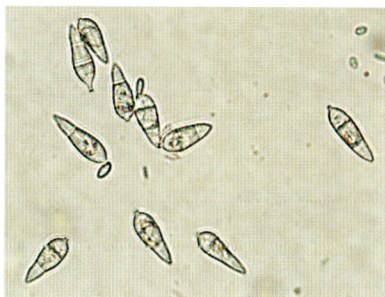

图2-1 谷瘟病菌分生孢子

20世纪末通过抗锈品种的培育和推广得到了有效控制。谷瘟病与谷锈病均需要抗病品种进行控制，二者有交替暴发为害的特点。21世纪以来，由于大面积推广的晋谷21、黄金苗、冀谷19、冀张谷5号（8311）、张杂谷8号、龙谷25等品种高感谷瘟病，使谷瘟病的发生逐年加重，严重地块病株（穗）率高达100%，特别是穗瘟引起严重减产，已成为当前生产上的主要病害，全国育种单位正在努力培育抗瘟品种。河北省农林科学院谷子研究所植物保护研究室长期坚持对育种单位培育的新品种（系）进行鉴定，努力避免或延缓谷瘟病和谷锈病的交替暴发。

[病害特征] 谷子各生育期均能发病，可侵害谷子叶片、叶鞘、节、穗颈、穗轴或穗梗等部位，引起叶瘟、穗颈瘟、穗瘟等，其中叶瘟、穗瘟发生普遍且为害严重。叶瘟：谷子苗期即可发病，病菌侵染叶片，先出现椭圆形暗褐色水渍状小斑点（图2-2），之后发展成梭形斑，中央灰白色，边缘褐色，部分有黄色晕环（图2-3）。空气湿度大时，病斑背面密生灰色霉层（病原菌的分生

图2-2　叶瘟发生初期症状

孢子梗和分生孢子）。严重时病斑密集，汇合为不规则的长梭形斑，造成叶片局部枯死或全叶枯死（图2-4）。有时还可侵染叶鞘，形成鞘瘟，表现为椭圆形黑褐色病斑，严重时多数汇合，扩大成长椭圆形或不规则病斑，造成叶鞘枯死。严重

图2-3　叶瘟发生后期症状

图2-4　叶瘟严重发生导致叶片枯死

发病时常在抽穗前后发生节瘟，节部先呈现黄褐色或黑褐色小病斑，逐渐扩展环绕全节，阻碍养分输送，影响灌浆结实，甚至造成病节上部枯死，易倒伏。穗颈瘟：穗颈上的病斑初为褐色小点，逐渐向上下扩展变为黑褐色，受害早发展快的

病斑可环绕穗颈，造成全穗枯死（图2-5）。穗瘟：穗主轴发病、变褐，会造成半穗枯死（图2-6）；或小穗梗发病、变褐，阻碍其上小穗发育灌浆，早期枯死呈黄白色，后期变黑灰色，形成"死码子"（图2-7），不结实或籽粒干瘪。谷瘟病菌有高度的致病性分化，存在不同的生理小种。

图2-6　穗瘟：穗主轴感病导致半穗枯死

图2-5　穗颈瘟导致整穗枯死

图2-7　穗瘟：小穗轴变褐形成"死码子"

[发生规律]　谷瘟病菌主要以分生孢子在田间病残体和种子上越冬，成为翌年的初侵染源。病菌分生孢子遇水萌发，形成芽管、

附着胞及侵染菌丝，可直接穿透表皮细胞或经气孔侵入叶片或叶鞘内部，穗轴上则多从小穗梗分支处侵入，茎节上多从其外包的叶鞘侵入。田间发病以后，以叶片病斑上的分生孢子借气流和雨水传播进行再侵染，其病害侵染循环如图2-8所示。谷瘟病的流行程度受气象条件的影响较大。生长季节降水量、田间湿度和结露程度等往往对谷子发病程度有重要影响。一般情况下，温度25℃，相对湿度大于80%，有利于该病发生和蔓延。春谷区7月中、下旬连续高湿、多雨，有利于叶瘟发生；7月下旬至8月初阴雨多、露重、寡照、气温偏低，有利于穗瘟发生。田间播种过密、湿度大、降水多则发病重；氮肥施用过多，谷子贪青徒长田块发病重；黏土、低洼

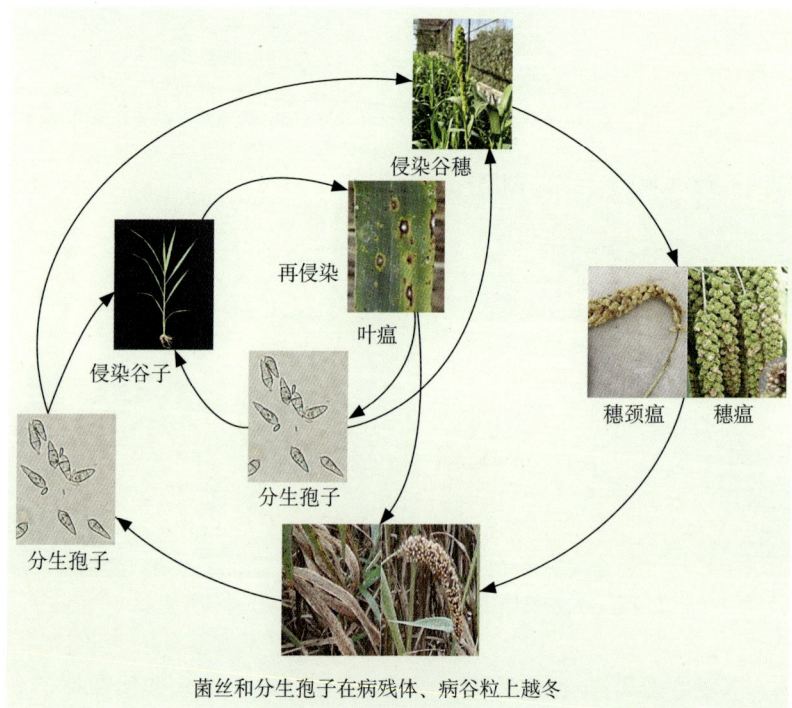

图2-8　谷瘟病病害侵染循环图

地发病重。8月是华北地区谷瘟病的发病高峰期。不同品种间抗病性差异明显。

[调查要点]　从谷子苗期开始注意检查植株下部叶片有无典型梭形病斑，在发病初期应及时防治。

[防治技术]

（1）**种植抗（耐）病品种**：培育和利用抗瘟品种是防治谷瘟病最经济有效的措施。抗病的品种（系）主要有延农谷1号、延农谷2号、承龙1号、冀杂金苗3号、冀杂金苗4号，张杂谷25、张杂谷27、张杂谷29、巡谷早熟2号、榆谷抗1、松优谷1号、沁谷三、沁谷五、中谷7、中谷9、同谷47、九谷42、济谷29、济谷30、长生15、衡谷32号、晋汾110、嫩选21、两优谷1、中优谷5号、太选谷37、太选谷38等，逐渐替代生产上的感病品种，全面提高了品种的抗病性。

（2）**农业防治**：加强田间栽培管理，合理调整种植密度。及时排灌，合理施肥，避免偏施氮肥，要配合施磷、钾肥，或结合深耕进行分层施肥，增加植株抗病性。病田收获后及时清除病残体，实行2～3年轮作。

（3）**化学防治**：在田间初见叶瘟病斑时，可选用450克/升咪鲜胺水乳剂45～55克/亩、250克/升嘧菌酯悬浮剂20～40毫升/亩、40%稻瘟灵乳油80～100毫升/亩、2%春雷霉素水剂80～100克/亩、35%咪鲜·乙蒜素可溶液剂25～30毫升/亩、325克/升苯甲·嘧菌酯悬浮剂12～24毫升/亩、18.7%丙环·嘧菌酯悬浮剂50～70毫升/亩、40%稻瘟酰胺·嘧菌酯悬浮剂25～50毫升/亩或40%稻瘟·三环唑悬浮剂65～70毫升/亩等，如果病情发展较快，5～7天再喷1次。为了预防穗瘟，在齐穗期可针对穗部进行1次防治。

## 3.谷子白发病

谷子白发病的病原菌为禾生指梗霜霉菌（*Sclerospora graminicola*），属鞭毛菌亚门指梗霉属真菌（图3-1），是谷子上重要的种传病害。之前一直是东北、西北春谷区的主要病害，一般发病率在5%～15%，严重地块病株率可达30%，甚至更高。21世纪初，在华北夏谷区普遍发生，目前成为谷子产区普遍发生的重要病害。由于白发病株产生的卵孢子容易散落到田间造成土壤带菌，来年种植的谷子在条件合适时极易发生白发病，因此目前生产上种植谷子每年都需要与其他作物进行倒茬。谷子白发病不仅影响产量，也严重影响谷子产业的规模化健康发展（图3-2）。

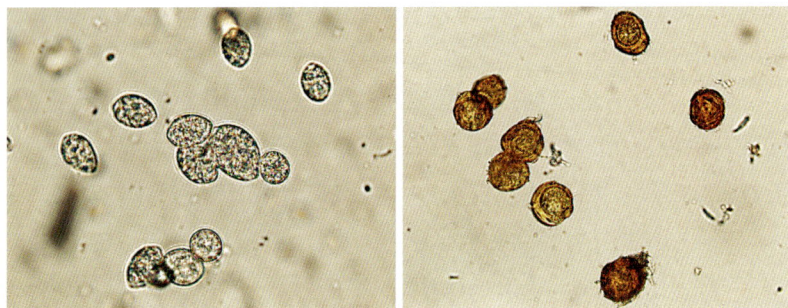

图3-1　谷子白发病游动孢子囊（左）及卵孢子（右）

[病害特征]　谷子白发病为系统性侵染病害，从发芽到穗期陆续显症，且不同时期表现不同的症状。种子萌发过程中被侵染，幼芽变色扭曲，严重时腐烂，可造成芽死（图3-3）；出苗后至拔节期发病，植株叶片正面产生与叶脉平行的苍白色或黄白色条纹，背面密生粉状白色霉层，称为灰背（图3-4），白色霉层为白发病菌无性世代的游动孢子囊梗和游动孢子囊，游动孢子囊和游动孢子借气流和雨水可进行再侵染，除形成灰背外，还可形成正面黄色、背面褐

图3-2　谷子白发病田间为害状

图3-3　谷子白发病症状：芽死

图3-4　谷子白发病症状：灰背叶正面的黄色条纹及背面的白色霉层

色、边缘深褐色、形状不规则的局部黄斑症状，田间湿度大时，病斑正面和背面亦密被游动孢子囊形成的白色霉层（图3-5）；灰背

图3-5　谷子白发病症状：局部黄斑及背面的白色霉层

病株继续发展，抽穗前，病株顶部2～3片叶丛生，叶尖或全叶黄白，心叶抽出后不能正常展开，而是呈卷筒状直立，黄白色，形成

图3-6　谷子白发病症状：白尖

白尖（图3-6）；之后病株逐渐变成深褐色，枯死，直立田间，称为枪杆（图3-7）；枪杆顶部的叶片组织纵向分裂为细丝，内部包被的黄褐色卵孢子散落，残留灰白色卷曲的纤维束，故称白发病（图3-8）。有些病株能抽出穗，但出现各种各样的畸形，病穗上的小花内外颖片伸长呈尖刺状，整穗如扫帚或刺猬状，称为看谷老或刺猬头（图3-9）。病穗开始时为红色或绿色，后变褐色，组织破裂，

图3-7　谷子白发病症状：枪杆

图3-8　谷子白发病症状：白发

图3-9　谷子白发病症状：刺猬头（看谷老）

也能散出大量卵孢子。病穗不结实或部分结实。

[发生规律]　白发病菌以卵孢子在土壤中、种子表面或未腐熟粪肥上越冬。卵孢子在土壤中可存活2～3年，是主要初侵染源。病菌侵染谷子主要发生在幼芽期。种子萌发时，土壤中或种子

表面的卵孢子也同时萌发，以芽管侵入谷子幼芽芽鞘，引起死亡或定殖其中，随着生长点的分化和发育，菌丝达到叶部和穗部，病株陆续出现灰背、白尖、白发等症状。灰背时期孢子囊和游动孢子借气流和雨水传播，进行再侵染，形成灰背和局部黄斑症状。孢子囊进入顶叶，也可形成白发症状，其病害侵染循环如图3-10所示。低温潮湿土壤中种子萌发和幼苗出土速度慢，容易发病。土壤墒情差，播种深或土壤温度低时，病害发生重。大气温湿度影响再侵染，特别是有水滴的条件和20～25℃气温适于孢子囊生长，有利于孢子囊和游动孢子再侵染。不同品种对白发病抗性有差异。

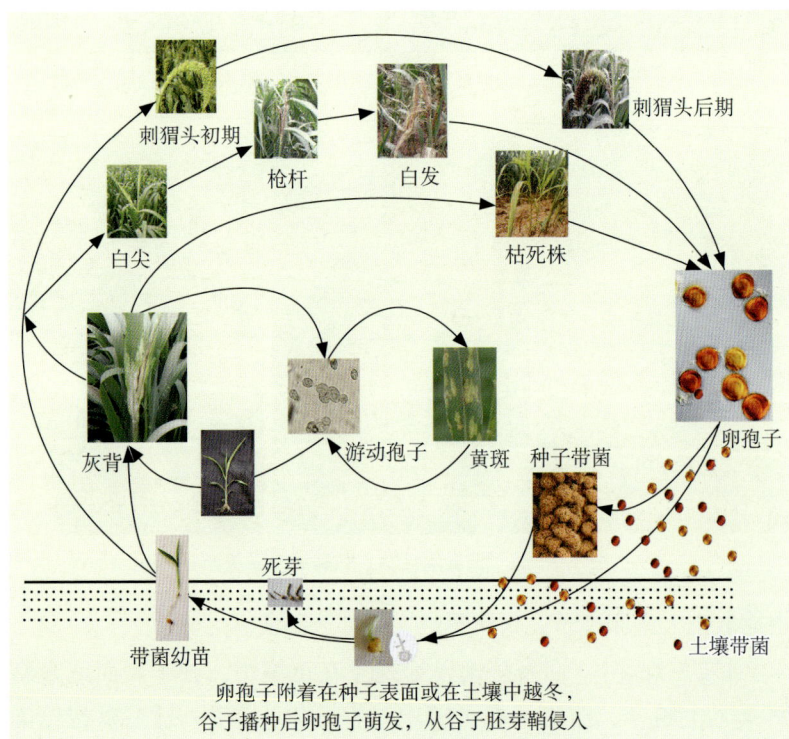

刺猬头初期

枪杆

白发

刺猬头后期

白尖

枯死株

卵孢子

灰背

游动孢子

黄斑

种子带菌

死芽

带菌幼苗

土壤带菌

卵孢子附着在种子表面或在土壤中越冬，
谷子播种后卵孢子萌发，从谷子胚芽鞘侵入

图3-10　谷子白发病病害侵染循环图

[调查要点] 谷子不同生育期注意调查田间灰背、白尖、枪杆、刺猬头及白发等症状。

[防治技术] 白发病是目前谷子产区普遍发生的重要病害，所有种子都需要进行处理，每年需要大量农药。作为种传病害，只要坚持使用无病种子，结合田间清洁生产，逐渐减少田间带菌量，就能达到不用或少用农药控制病害严重发生的态势，是最经济有效的绿色防控措施。具体技术如下：

（1）优选抗（耐）病品种：对育种单位提供的材料进行抗白发病鉴定，其中抗病品种（系）主要有蒙香毛谷、金谷 K11、儿谷 28、九谷 32、九谷 35、嫩选 15 号、嫩选 17 号、鑫谷 1 号、沁谷三、敖谷 18、张青谷 5 号、榆谷 11 号、同谷 47、长分 1 号、龙谷 41、延农谷 1 号、蒙龙红谷等。

（2）选用无病种子或进行种子处理：从原原种开始建立无病种子繁制种体系。选择 3 年以上没有种植谷子的地块，周边 500 米没有谷子种植，避免其他地块白发病卵孢子随风传播。采用温汤浸种或药剂拌种，利用不携带活体病原菌的种子进行生产，可有效控制该病为害。温汤浸种：可用 55～56℃ 温水浸种 10 分钟，然后用清水漂洗，去除秕粒，晾干后播种。药剂拌种：可选用 350 克/升精甲霜灵种子处理乳剂或 35% 甲霜灵拌种剂按种子量的 0.2%～0.3% 拌种。在拔节、抽穗期若有个别感病单株，要及时拔除并离田处理。

（3）农业防治：适期晚播、浅播，促使幼苗早出土。发病田块实行 2～3 年轮作倒茬。做好田间清洁生产，即在田间或地头初见白尖和刺猬头时，及时拔除病株，包括狗尾草、谷莠子等白发病野生寄主的病株，带出田外销毁或深埋，避免形成卵孢子散落田间，导致来年发病。谷子 10 叶以前，用 68% 精甲霜·锰锌水分散粒剂 120 克/亩或 25% 甲霜灵可湿性粉剂 100 克/亩进行喷雾，可预防减轻病情。

## 4.谷子粒黑穗病

谷子粒黑穗病,俗称灰疸,病原菌为粟黑粉菌(*Ustilago crameri*),属担子菌亚门黑粉菌属真菌(图4-1)。被害植株全穗或部分籽粒变为黑粉,减产严重,曾是我国春谷区主要的种传病害。20世纪80年代,随着拌种双等种子处理剂的大力推广,控制了该病严重发生的态势。21世纪以来,大力宣传生产和使用无病种子,基本上控制了该病的为害。目前,在春谷区个别地块仍有发生(图4-2)。

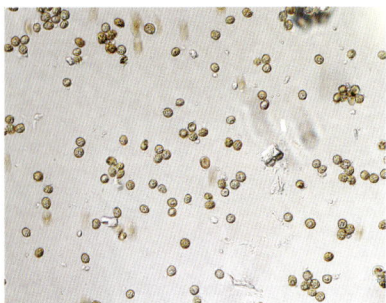

图4-1 谷子粒黑穗病病原菌冬孢子

图4-2 谷子粒黑穗病病穗及内部病原孢子

[病害特征] 谷子粒黑穗病菌由幼芽侵入,可使整个植株带菌。部分高感植株苗期表现"绿矮"症状,植株矮化,节间缩短,叶片浓绿(图4-3),后期不能抽穗。但典型症状是为害穗部,抽穗前基本不表现症状。抽穗较健株稍晚,病穗短,直立,刚抽出时与正常穗无明显差异,之后随着病情发展,变为灰绿色,颖片和子房壁呈青灰色,后期变为灰白色(图4-4)。通常全穗发病,有时穗上有部分健粒。病粒比正常籽粒稍大,子房肿大为圆形,内部全部为

图4-3　谷子粒黑穗病"绿矮"症状

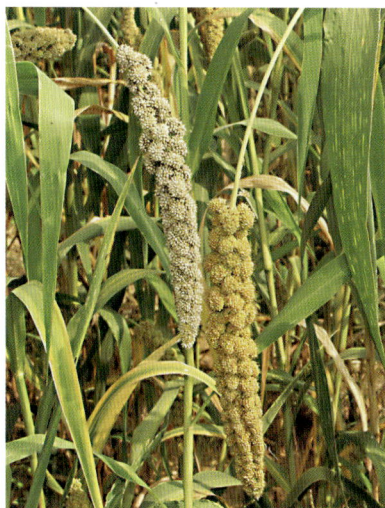

图4-4　谷子粒黑穗病病株（左）、
　　　　健株（右）比较

褐色或深褐色病原菌冬孢子。当孢子堆成熟后，颖片和子房壁膜破裂，散出黑粉状病原孢子。

[发生规律]　谷子粒黑穗病属芽期侵染的系统性病害，主要在抽穗后表现症状，部分高感植株苗期表现"绿矮"。附着在种子表面的冬孢子是翌年初侵染的主要菌源。由于该菌不经休眠即可萌发，病穗子房破裂时散落于土壤中的冬孢子多于当年萌发而失去活力，不能越冬成为翌年的初侵染源。但在低温干燥地区，可能有部分散落田间的冬孢子，由于萌发条件不适宜，当年不萌发，成为下一年发病的初侵染菌源。带菌种子萌发时，病菌菌丝由幼芽的胚芽鞘侵入，并扩展到生长点，随生长点向上生长到达花序，侵入幼嫩的子房形成大量的冬孢子，使籽粒变成黑粉粒，其病害侵染循环如图4-5所示。冬孢子的存活力很强，在自然条件下能生存20个月，在室内能存活2～9年。谷子播种后的土壤温、湿度对侵染发病影响很大。冬孢子萌发后侵染幼芽的最适土壤温度为12～25℃，土壤温度偏低，谷子出苗缓慢，病菌侵染时间长，发病重。土壤含水

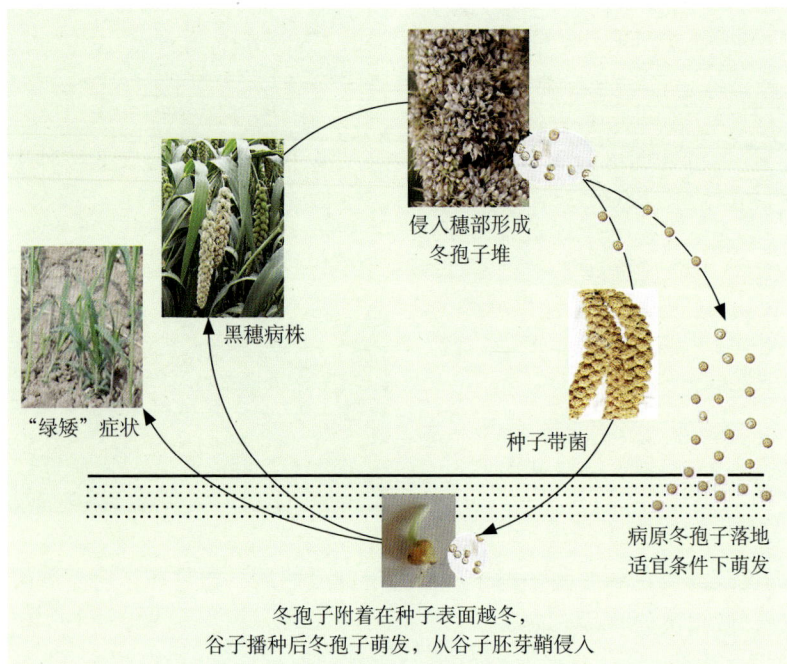

侵入穗部形成
冬孢子堆

黑穗病株

种子带菌

"绿矮"症状

病原冬孢子落地
适宜条件下萌发

冬孢子附着在种子表面越冬，
谷子播种后冬孢子萌发，从谷子胚芽鞘侵入

图4-5 谷子粒黑穗病病害侵染循环图

量在30%～50%适于病菌侵染，干旱或水分饱和都不利于病原菌侵染。因此，种子带菌率高，土壤温度低，墒情差，覆土厚，种子出苗慢，病菌侵染时间长，则发病重。谷子品种间的抗病性差异颇为显著。

[调查要点] 谷子灌浆期在田间查看有无内部充满黑粉的灰绿色病穗，并及时拔除，带到田外销毁。

[防治技术]

（1）选用无病种子：在谷子灌浆中期，仔细查看制种田，若有灰白色病穗，在散粉前及时剪掉，严禁与种子混收混打。若少量留种，可在收获前进行穗选，选取穗大籽粒饱满的无病谷穗，单收单打。这是最经济高效、简便易行的绿色防控方法。

（2）**种子处理**：因谷子粒黑穗病是种子表面带菌，种子处理可有效控制该病为害。温汤浸种：可用 55 ～ 56℃温水浸种 10 分钟，然后用清水漂洗，去除秕粒，晾干后备用。药剂拌种：可用 2%戊唑醇种子处理可分散粉剂或 30 克/升苯醚甲环唑悬浮种衣剂按种子量的 0.2% ～ 0.3%拌种。

## 5.谷子腥黑穗病

谷子腥黑穗病病原菌为狗尾草腥黑粉菌（*Tilletia setariae*），属担子菌亚门腥黑粉菌属真菌，冬孢子球形或扁球形，表面有均匀排列的脊状突起的网状结构（图5-1）。该病在我国吉林、辽宁、山西、河北和山东等谷子产区均有零星发生，近年来由于不育系高感腥黑穗病，病穗率高达60%～70%，导致有些杂交种发病非常严重，并向其他常规品种扩散，特别是一些育种研究基地，随处可见发病病穗，应引起育种和制种单位的高度重视，严禁该病进一步扩散。

图5-1 谷子腥黑穗病病原菌冬孢子

[病害特征] 谷子腥黑穗病（图5-2）为害穗部，仅部分籽粒发病，通常一个谷穗上有 1 ～ 20 个病粒，感病品种可达50多粒。病原菌破坏子房，不侵害颖壳。病粒卵圆形或长圆锥形，比健粒大 1 倍以上，极容易辨认，内部充满黑褐色粉末状冬孢子，外膜初绿色，后期变为褐色，由顶端破裂，散出黑褐色冬孢子（图5-3）。

[发生规律] 谷子腥黑穗病是从花器侵染的病害。病原菌以冬孢子越冬，冬孢子需经休眠后才能萌发。诱发病害的主要环境因子为土壤和空气湿度。病原菌在谷子开花期经气流传播，由花器侵

图5-2　谷子腥黑穗病病穗

图5-3　谷子腥黑穗病病粒

入，侵染子房引起发病。花期雨量大、湿度高、日照较少的年份，发病率高，干燥年份发病很轻。下层谷穗以及谷穗内侧相对湿度大，容易发病。谷子品种间抗病性差异明显，早熟品种可避病。

[调查要点]　谷子灌浆期在田间查看有无籽粒膨大、内部充满黑褐色粉末的病穗，及时拔除并带到田外销毁。

[防治技术]　谷子腥黑穗病是从花器侵染的病害，目前的不育系均为高感，张杂谷16发病严重，其他杂交种发病轻，常规品种上开始零星发生。防治该病的重点是阻止病菌在谷子产区空间进一步扩散，进而保护谷子免受为害。可以采取以下几种方法：

（1）加强抗病育种，淘汰生产上感病的不育系、感病品种和育种材料等。

（2）繁育不带病不育系，在田间选择无病粒的不育系单株，使用戊唑醇进行种子处理，杀死种子表面可能携带的腥黑穗病病原孢子，在3年以上没有种植谷子的田块进行繁育，确保用于制种的不育系不带病。

（3）针对零星发生地块或品种，在灌浆中期，病粒散粉前，仔细检查田间谷穗，剪掉病穗，放在塑料袋内，带到田外深埋或者销毁，阻止病原孢子在田间散播；选择健康无病的大穗留作种用。

（4）针对严重发生地块或品种，病田收获的谷子最好不用作种子，防止病菌在田间散播。发病地块3年内不继续种植谷子。使用已经繁育的带病种子时，种子要经过戊唑醇处理，杀死种子上携带的病菌，阻止病菌在空间散播，特别在谷子抽穗开花前，针对穗部进行喷雾防治，可用430克/升戊唑醇悬浮剂15～20毫升/亩。

## 6.谷子轴黑穗病

谷子轴黑穗病病原菌为二倍孢轴黑粉菌（*Sphacelotheca diplospora*），属担子菌亚门轴黑粉菌属真菌，冬孢子多角形或不规则形（图6-1）。主要发生在春谷区，为害较轻，在黑龙江、山西和陕西等地局部地区可见。

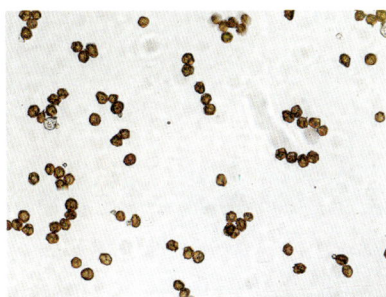

图6-1　谷子轴黑穗病病原菌冬孢子

[病害特征]　谷子轴黑穗病（图6-2）为害穗部，只有部分籽粒被害，被害籽粒外颖不受破坏，冬孢子堆不明显突出，病粒比健粒稍大，病粒中偶见中轴（图6-3）。病粒子房被侵染，肿大为圆形，长期包于颖壳中，内部充满黑褐色粉末状冬孢子，呈青灰色外观。后期，冬孢子堆外的被膜破裂，外颖张开，散出冬孢子。

图6-2　谷子轴黑穗病病穗

图6-3　谷子轴黑穗病籽粒较正常的稍大

[发生规律]　谷子轴黑穗病属于花器侵染的局部病害。病原菌以冬孢子越冬，冬孢子需经休眠后才能萌发。病原菌在谷子开花期经气流传播，由花器侵入，侵染子房引起发病。花期雨量大、空气湿度高、日照较少的年份，发病率高，干燥年份发病轻。谷子品种间抗病性差异明显，早熟品种可避病。

[调查要点]　谷子灌浆期在田间查看有无内部充满黑粉的青绿色病穗，及时拔除并带到田外销毁。

[防治技术]　谷子轴黑穗病与谷子腥黑穗病一样，属于花器侵染病害。该病目前为害较轻，造成的损失较小，生产上多不进行防治。多数谷子品种抗病性强，在品种选育过程中淘汰感病品系即可。但是，黑龙江主推品种龙谷25感病，导致局部地区在不同谷子育种材料和品种上常见发病。目前，该病防治重点也是阻止病菌在谷子产区空间扩散，进而保护谷子免受为害。其防治方法与腥黑穗病相似，但是，轴黑穗病病粒小，散出黑色粉末后才能发现，杜绝该病发生的难度更大。主要包括：

（1）加强抗病育种，淘汰生产上的感病品种和育种材料，如龙谷25等。

（2）针对零星发生地块或品种，在灌浆中期，仔细检查田间谷穗，发现有轴黑穗病粒，轻轻剪掉病穗，放在塑料袋内，带到田外深埋或者销毁，阻止病原孢子在田间散播；选择健康无病的大穗留作种用。

（3）针对严重发生地块或品种，病田收获的谷子最好不用作种子，防止病菌在田间散播；发病地块3年内不继续种植谷子。已经繁育的带病种子或者多数种子已经带病使用时，种子要经过戊唑醇处理，杀死种子上携带的病菌，阻止病菌在空间散播，特别在谷子抽穗开花前，应针对穗部进行喷雾防治，可用430克/升戊唑醇悬浮剂15～20毫升/亩。

## 7.谷子纹枯病

谷子纹枯病的病原菌为立枯丝核菌（*Rhizoctonia solani*），属无性态真菌类群丝核菌属真菌。主要为害谷子叶鞘和茎秆，也侵染叶片，在我国各谷子产区均有发生。病原菌无性阶段以菌丝体或菌核的形式存在，不产生分生孢子。菌丝体初期无色，锐角分枝，后期褐色，直角或锐角分枝，分枝处有隔膜，隔膜处稍缢缩（图7-1）。

[病害特征] 纹枯病在谷子苗期即可发生，在根茎基部形成边缘褐色的不规则云纹状

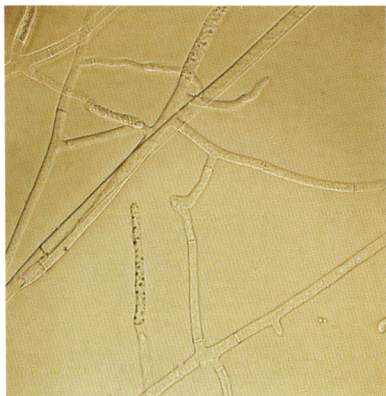

图7-1 谷子纹枯病病菌菌丝形态

病斑，严重发生时可导致死苗，形成苗枯（图7-2）。纹枯病一般在拔节期发病，首先在叶鞘上产生外缘界限不明显的暗绿色病斑，随后病斑迅速扩大，在叶鞘上形成边缘暗褐色，中间浅褐色或灰白色的不规则云纹状病斑（图7-3）。有时多个病斑交错汇合，使茎秆

图7-2 谷子纹枯病引起的苗枯

图7-3 谷子纹枯病成株期症状

呈"花秆"状，若病斑环绕叶鞘，可导致其上叶片干枯。病斑可随叶鞘向上发展，有时达到顶部。病菌也可在叶鞘内侧生长，侵染茎秆形成椭圆形或云纹状褐色坏死斑。病株穗小，灌浆不饱满，或不能抽穗。病株茎秆软弱，后期易从病部倒折，严重时整株枯死（图7-4）。天气潮湿时，病株叶鞘内侧和表面形成白色菌核，菌核后期变为深褐色或黑色（图7-5）。谷子叶片有时也能感病，出现云纹状病斑（图7-6）。谷子纹枯病病菌除侵染谷子外，还能为害玉米、水稻、高粱、小麦、大麦、燕麦、稗和黍等植物。

图7-4　谷子纹枯病严重发生造成全株枯死

图7-5　谷子纹枯病病株上形成的菌核

图7-6　谷子纹枯病侵染叶片症状

[发生规律]　病原菌主要以菌核在土壤中越冬，也能以菌核和菌丝体在病残体上越冬。翌年越冬菌核萌发，侵染谷子幼苗或叶鞘，然后逐渐向上扩展，并在发病部位形成菌核。菌核易脱落，可随雨水或灌溉水传播，引起再侵染，其病害侵染循环如图7-7所示。在春谷区，纹枯病一般在7月中旬始见，7月下旬至8月上旬迅速扩展，8月上旬病原菌开始侵染茎秆，9月上、中旬，进入谷子灌浆期，穗子变重，极易造成大面积倒伏。夏谷区纹枯病始发期多在7月中旬降雨后出现，病害随着降雨和高湿天气的出现而具有暴发性。纹枯病发病程度与环境温、湿度关系密切，但以湿度影响更大。当7

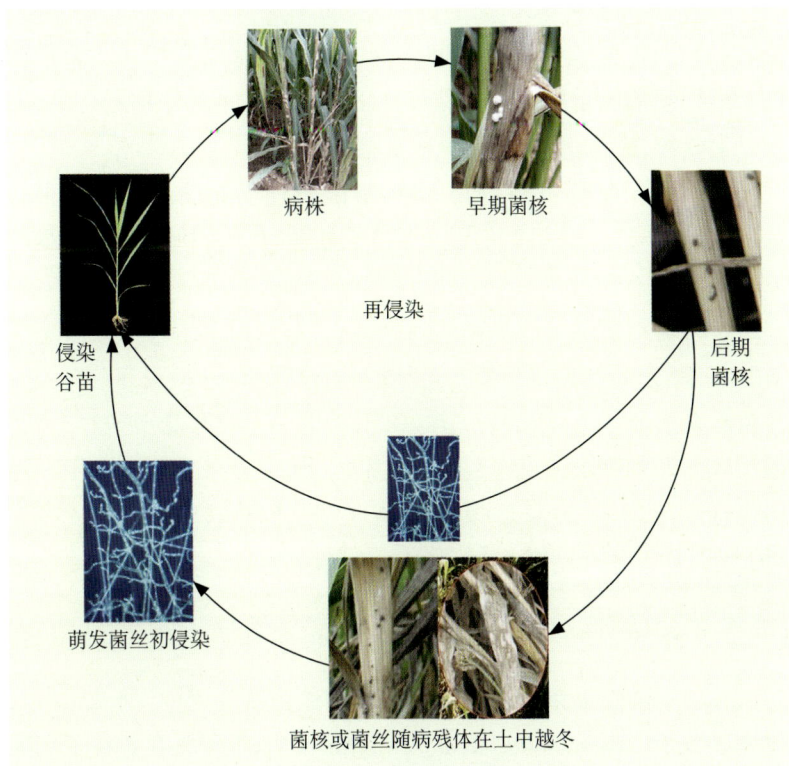

病株　　　早期菌核

再侵染

侵染
谷苗

后期
菌核

萌发菌丝初侵染

菌核或菌丝随病残体在土中越冬

图7-7　谷子纹枯病病害侵染循环图

月气温在18～32℃条件下，只要湿度适宜，病菌就能很快侵染和扩展；而湿度低时则发病缓慢或停止。在湿度适宜时，温度影响发病迟早和决定纹枯病的垂直上升速度。因此，增加田间湿度的措施和条件均利于发病，其中播量大、留苗过多、田间郁闭、通风透光条件差，极易引发纹枯病。另外，水浇地比旱薄地发病重；平原地比丘陵地发病重；谷子播种期与发病关系密切，早播病重，晚播病轻。氮肥施用过多，有利于纹枯病发生。秸秆还田地块和连作地块发病重。

[调查要点]　谷子拔节后注意调查植株茎基部有无褪绿云纹状病斑，当田间病株率达5%时应及时防治。

[防治技术]

（1）**农业防治**：加强田间管理，及时排除田间积水，合理密植，适期晚播，重病田避免秸秆还田，与非禾本科作物进行2～3年以上轮作。多施有机肥，少施氮肥，增施磷、钾肥。

（2）**种子处理**：播前用2.5%咯菌腈种子处理悬浮剂按种子量的0.2%拌种，或用2%戊唑醇种子处理可分散粉剂按种子量的0.3%拌种。

（3）**药剂防治**：病株率达到5%时，可选用24%噻呋酰胺悬浮剂20～25毫升/亩、430克/升戊唑醇悬浮剂15～20毫升/亩、5%井冈霉素水剂100～150克/亩、50%噻呋·己唑醇悬浮剂15～25毫升/亩、27%噻呋·戊唑醇悬浮剂30～50毫升/亩、30%苯甲·丙环唑悬浮剂15～20毫升/亩针对谷子茎基部喷雾防治，7～10天后酌情补防1次。

## 8.谷子细菌性褐条病

谷子细菌性褐条病病原菌为燕麦嗜酸菌燕麦亚种（*Acidovorax avenae* subsp. *avenae*=*Pseudomonas setariae*）。近年来在各谷子产区普遍发生，部分地区为害较重，严重地块病株率可达20%以上。

[病害特征]　该病主要为害叶片，也可侵染茎秆、叶鞘和穗部。叶片发病主要以植株中上部叶片为主。被侵染后，在叶片基部主脉附近形成与叶脉平行的水渍状浅褐色条斑或短条纹（图8-1），后沿叶脉向上或向下延伸，病斑色泽逐渐加深，变为深褐色或黑褐色，边缘常有黄绿色晕圈（图8-2）。被害植株心叶被侵染，往往导致病穗畸形，全部或部分小穗被侵染，发生褐色坏死（图8-3）。叶鞘被侵染也可产生褐色条纹，田间湿度大时，其上着生腐生的白色霉层。高感品种除在叶片上发生条斑外，顶梢嫩叶常枯萎甚至腐

图8-1　谷子细菌性褐条病初期症状

图8-2　谷子细菌性褐条病叶片上的褐色条纹

图8-3　谷子细菌性褐条病导致全穗畸形或部分小穗坏死

烂，不能抽穗（图8-4）。穗部被害后，轻者部分籽粒不实，重者全穗干瘪减产。虫害发生重的地块该病发生重（图8-5）。

图8-4　谷子细菌性褐条病导致顶部嫩
　　　　叶腐烂不能抽穗

图8-5　虫害伤口易感褐条病

[发生规律]　病原细菌主要在种子和病株残体上越冬，成为第二年的初侵染来源，发病后通过风雨或枝叶间摩擦造成再侵染，其病害侵染循环如图8-6所示。谷子生长期连续阴天寡照、高温多雨有利于病害的传播发病；偏施氮肥、过度密植、株间通风透光不好有利于该病发生；重茬地、低洼地发病重；虫害发生严重的地块该病发生重，品种间抗病性差异明显。

[调查要点]　谷子拔节后在田间查看上部叶片基部有无与叶脉平行的褐色条状病斑，并及时防治。

[防治技术]

（1）**农业防治**：选用抗病和耐旱品种。精细整地，平衡施肥，合理密植，加强田间管理，排除田间积水，保持田间通风透光。

（2）**化学防治**：在谷子拔节后抽穗前，遇雨容易发生褐条病，

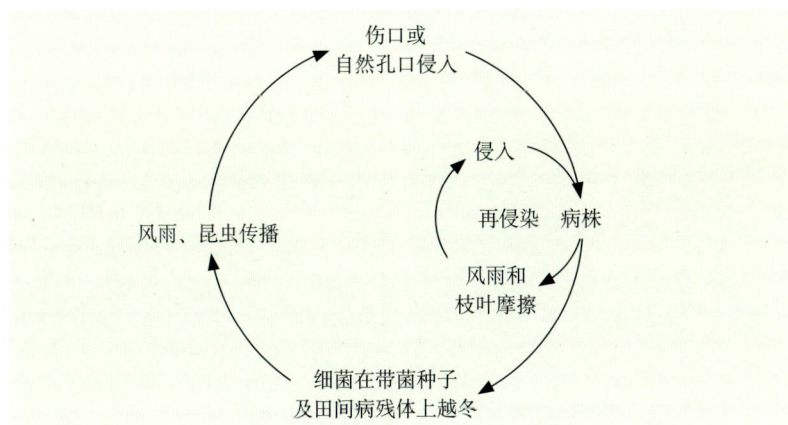

图8-6 谷子褐条病病害侵染循环图

可用80%乙蒜素乳油23～30克/亩、0.3%四霉素水剂50～60毫升/亩、85%三氯异氰尿酸可溶粉剂32～42克/亩、20%噻森铜悬浮剂100～125毫升/亩、46%氢氧化铜水分散粒剂20克/亩或20%噻菌铜悬浮剂60～100克/亩等对心叶进行喷雾防治，加入吡虫啉等杀虫剂效果更佳，发病严重时隔7天再防治1次。

## 9.谷子红叶病

谷子红叶病又称红瘿病、紫叶病等，病原菌为大麦黄矮病毒（*Barley yellow dwarf virus*，BYDV），是由蚜虫传播的病毒病害，在我国各谷子产区普遍发生，在部分地区发生严重，早播有利于发病，是谷子上的主要病害。

[病害特征] 谷子红叶病可分为红叶型和黄叶型两种（图9-1）。紫秆品种感病后表现红叶型症状，叶片、叶鞘及穗部向阳面，包括穗芒，均变为红色或红紫色（图9-2）。感病叶片由叶尖先变红，逐渐向叶基蔓延，直至整个叶片变红。有时沿叶片中肋或叶缘向下扩展，在叶片上形成红色条斑。植株幼苗期感病，基部叶片先变红，

图9-1 谷子红叶病红叶型（左）和黄叶型（右）症状

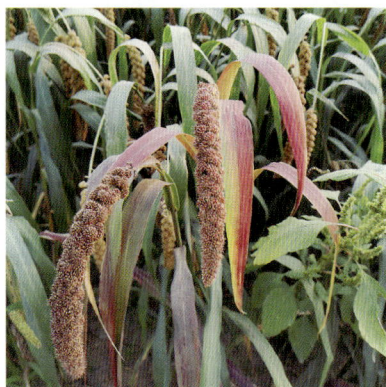

图9-2 紫秆品种感染红叶病穗部变红

向上扩展；成株期感病，顶部叶片先变红，向下扩展。病叶除变色外，还表现为边缘皱缩呈波浪状、上部叶片直立上冲等畸形，后期叶片自顶端向下逐渐枯死。青秆品种感病后表现为黄叶型症状，叶片黄化，形成黄色条纹，发病过程及特点与红叶型相同。红叶病病株根系稀疏，穗短小或畸形，重量轻，种子发芽率低。发病严重的植株矮化，不能抽穗，或虽抽穗但不结实（图9-3）。

[发生规律] 引起谷子红叶病的病毒主要在田间多年生杂草上越冬，是历年发病的主要侵染来源。谷子出苗后，条件适宜时由蚜虫带毒迁飞至谷子上，并由蚜虫在田间的取食活动将病毒逐渐传播，引起病害流行，其病害侵染循环如图9-4所示。红叶病的传毒

图9-3　谷子红叶病病株严重矮化、不能抽穗或抽穗后不结实

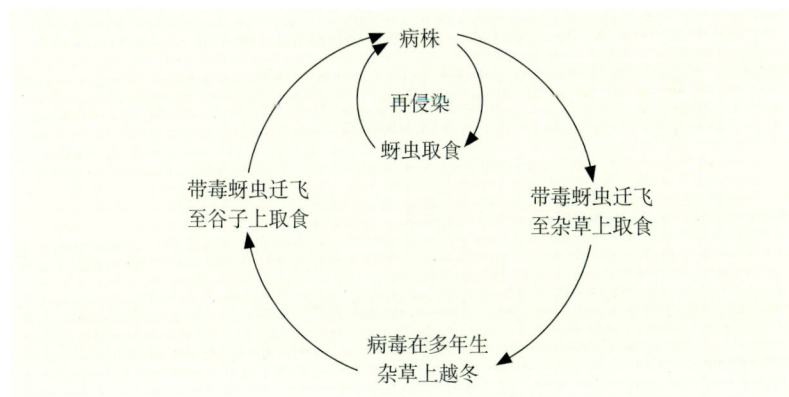

图9-4　谷子红叶病病害侵染循环图

介体主要是玉米蚜，麦二叉蚜和麦长管蚜也能传毒。一般带毒蚜虫在健苗上取食5分钟后即可传毒，其中玉米蚜（图9-5）为持久性带毒，传毒能力较强。因此，谷子红叶病的发生程度与蚜虫的发生时期及田间的虫口密度密切相关。冬季气温高，春季干旱、温度回升快，有利于玉米蚜发生和繁殖，红叶病发病早而且重。夏季降水少，有利于蚜虫繁殖和迁飞，红叶病发病重。一般早播谷田发生重，迟播发生轻。红叶病病原菌寄主范围广，多种禾本科作物和杂

图9-5 谷子红叶病传毒介体——玉米蚜

草都可作为该病毒的寄主，因此，杂草多的田块，毒源较多，发病较重。谷子感病的发育阶段决定病害的发展和产量损失的轻重，谷子感染越早，发病越重，减产越多。品种间抗病性差异明显。

[调查要点] 注意调查田间蚜虫发生量及病株率，及时防治蚜虫。

[防治技术]

（1）**农业防治**：种植抗（耐）病品种，适期晚播。加强田间管理，及时清除谷田及其周围杂草，拔除病株，以减少毒源。增施氮、磷肥，合理排灌，增强植株抗病能力。

（2）**种子处理**：用600克/升吡虫啉悬浮种衣剂或70%噻虫嗪种子处理可分散粉剂按种子量的0.3%拌种。

（3）**化学防治**：在谷子出苗后，蚜虫迁入谷田之前喷雾防治蚜虫，减少传毒介体。可用25%吡蚜酮悬浮剂20～30毫升/亩、70%吡虫啉水分散粒剂2～4克/亩、25%噻虫嗪水分散粒剂8～12克/亩、20%氟啶虫酰胺水分散粒剂15～20毫升/亩、5%高效氯氟氰菊酯水乳剂15～20毫升/亩、46%氟啶·啶虫脒水分散粒剂5～10克/亩、30%烯啶·吡蚜酮水分散粒剂20～30毫升/亩、22%噻虫·高氯氟微囊悬浮-悬浮剂5～10毫升/亩，连同周边杂草全田喷雾防治蚜虫。加入农用抗病毒药剂，如盐酸吗啉胍等效果更佳。

## 10.谷子丛矮病

谷子**丛矮病**的病原菌为北方禾谷花叶病毒（*Northern cereal mosaic virus*，NCMV）、水稻黑条矮缩病毒（*Rice black-streaked*

*dwarf virus*，RBSDV）以及近年来发现的大麦黄条点花叶病毒
（*Barley yellow striate mosaic virus*，BYSMV），是谷子的重要病害
之一，在各产区均有发生，为害严重时可造成毁种。

[病害特征]　谷子苗期发病可导致节间缩短，叶片丛生，植株严重矮化（图10-1），叶片呈深绿色或有黄绿相间的条纹（图10-2）。成株期发病植株严重矮化（图10-3），重病株高度比健株矮约2/3，植株上部节间缩短，叶片直立丛生，呈墨绿色或有黄绿相间的条纹。病株多不能抽穗，或能抽穗但穗小畸形（图10-4），结实性差，籽粒秕瘦。谷子丛矮病主要由带毒的灰飞虱（图10-5）传播。

图10-1　谷子丛矮病苗期发生状

[发生规律]　在我国北方，病毒在冬小麦和多年生禾本科杂草等寄主植物上或带毒昆虫体内越冬。翌年，谷子出苗后，被带毒灰飞虱取食而感染发病，其病害侵染循环如图10-6所示。丛矮病的发生程度与带毒灰飞虱发生数量相关。谷子苗期易感病，出苗后如遇灰飞虱迁飞高峰期则发病重。田间管理粗放、杂草多、灰飞虱虫口

密度大，则发生重。病株田间分布不均，临近路边和沟渠杂草丛生处发病重。谷子品种间抗病性差异明显。

图10-2　谷子丛矮病病叶呈黄绿相间的条纹

图10-3　谷子丛矮病成株期病株矮化

图10-4　谷子丛矮病病穗小且畸形

图10-5　谷子丛矮病传毒媒介——灰飞虱

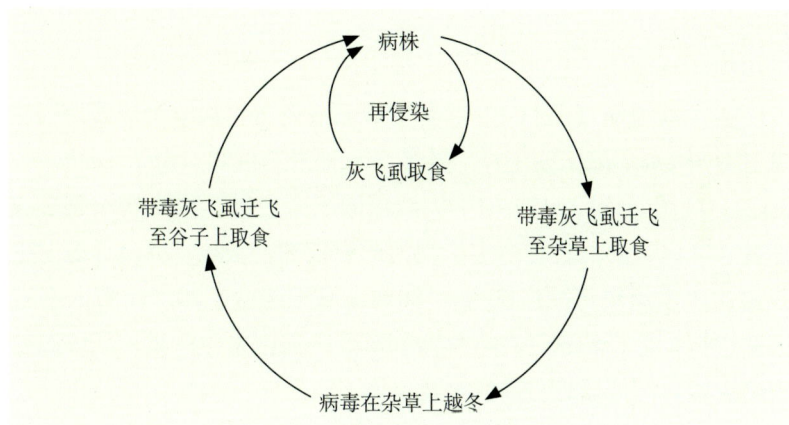

图10-6 谷子丛矮病病害侵染循环图

[调查要点] 谷子苗期注意调查灰飞虱田间虫量及田间丛矮病病株数量。

[防治技术]

（1）**农业防治**：种植抗（耐）病品种，调整播期，避免套播和晚春播，避开灰飞虱发生高峰期。加强田间管理，铲除田间及周边杂草，及时拔除病株，减少毒源。

（2）**种子处理**：用600克/升吡虫啉悬浮种衣剂或70%噻虫嗪种子处理可分散粉剂按种子量的0.3%拌种。

（3）**化学防治**：在谷子苗期喷雾防治灰飞虱，减少传毒介体。可用70%吡虫啉水分散粒剂2～4克/亩、25%噻虫嗪水分散粒剂8～12克/亩、20%呋虫胺悬浮剂20～30毫升/亩、10%三氟苯嘧啶悬浮剂10～15毫升/亩、20%氟啶虫酰胺水分散粒剂15～20毫升/亩、24%阿维·氟啶虫酰胺悬浮剂25～35毫升/亩、11%阿维·三氟苯嘧啶悬浮剂15～30毫升/亩、30%吡丙·噻虫嗪悬浮剂8～10毫升/亩、80%烯啶·吡蚜酮水分散粒剂10～15毫升/亩喷雾防治灰飞虱，连同周边杂草全田喷雾。

## 11.谷子线虫病

谷子线虫病（图11-1）又称紫穗病或倒青，病原为贝西滑刃线虫（*Aphelenchoides bessyi*），异名：水稻滑刃线虫（*Aphelenchoides oryzae*）（图11-2），为水稻干尖线虫的一个变种。线虫病一直是我国夏谷产区重要的种传病害，在河北中南部、山东、河南等地发生普遍，严重地块可减产50%～80%，甚至绝收。2017年传入春谷区并进行扩散，特别是在吉林西部蔓延，局部发生严重。尽快遏制该病在春谷区传播是当前的重要工作。

图11-1　谷子线虫病田间发生状　　　　图11-2　谷子线虫病病原线虫

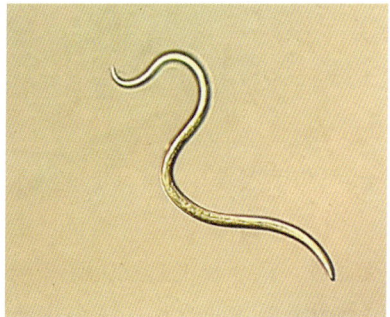

[病害特征]　线虫病可侵染谷子的根、茎、叶、叶鞘、花、穗和籽粒，但主要为害花器、子房，只在穗部表现症状。病株在抽穗前一般不表现明显症状，感病早的植株抽穗后即表现症状。感病植株的花初呈暗绿色，渐变黄褐色，后呈暗褐色。因大量线虫寄生于花部破坏子房，因而不能开花，即使开花也不能结实，颖片多张开，籽粒秕瘦，尖削（图11-3），表面光滑有光泽，病穗瘦小，直立不下垂。发病晚或发病轻的植株症状多不明显，能开花结实，只有靠近穗主轴的小花形成浅褐色的病粒。不同品种症状差异明显。红秆或紫秆品种的病穗向阳面的护颖在灌浆至乳熟期变红色或紫

色，之后褪成黄褐色。而青秆品种无此症状，直到成熟时护颖仍为苍绿色（图11-4）。此外，线虫病病株一般较健株稍矮，上部节间和穗颈稍短，叶片苍绿色，较脆。

图11-3　谷子线虫病病籽粒

图11-4　谷子线虫病病穗

[发生规律]　谷子线虫病主要随种子传播，带病种子是主要初侵染源，秕谷和落入土壤及混入肥料的线虫也可传播。此外，用病秕粒饲喂牲畜，未腐熟的粪肥中也会有少量线虫存活诱发病害。混在土壤中或室内的线虫至少能存活2年。线虫病病原线虫为外寄生，谷子播种后，在谷粒、秕籽的壳皮内侧蜷曲休眠越冬的成虫和幼虫遇湿复苏，侵入幼芽，在生长点外活动为害并少量繁殖。以后随着植株的生长，侵入叶原体。拔节后线虫逐渐向叶鞘转移，在叶鞘内侧繁殖。其转移的迟早及繁殖数量的多少取决于温、湿度及降雨条件，高温多雨有利于其转移和繁殖。病原线虫在25～30℃繁殖最快，拔节后温度均能满足。幼穗形成后，线虫又转移到穗部，尤其是开花灌浆期多雨，利于线虫在穗部大量繁殖传播，至开花末期达到高峰，严重的平均一穗有虫1.2万～2.0万条，造成子房受损、柱头萎缩，不能结实，但不形成虫瘿；谷子成熟时，又以幼虫、成虫在谷粒、秕籽的颖片内侧休眠越冬。在生长期间，特别是在穗期，线虫能随雨水、流水或植株间接触而近距离传播，引起

再侵染，但被侵染植株一般当年不表现症状，其病害侵染循环如图11-5所示。

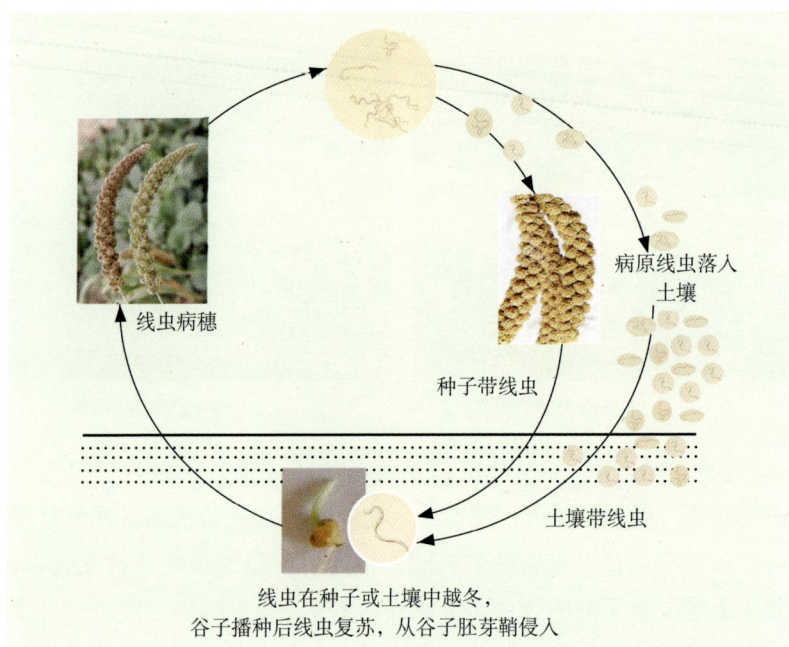

图11-5 谷子线虫病病害侵染循环图

线虫病的轻重，主要取决于种子带线虫量和穗期雨量大小，二者同时具备，则可造成毁灭性为害。一般平地重，山地轻；黏土地重，沙土地轻；积水洼地重；早播病轻，晚播病重。高温高湿有利于线虫活动繁殖，尤其是开花灌浆期多雨，利于线虫在穗部大量繁殖传播，造成病害大发生及减产。不同谷子品种间抗病性有差异。凡生育期长，特别是孕穗期到灌浆期长，穗粒较紧、穗毛较长的品种发病重，反之则发病轻。

[调查要点] 植株生长期间，尤以穗期注意观察叶色浓绿、穗直立的植株。紫秆品种谷穗向阳面表现紫色的多为线虫病为害株。

[防治技术]　线虫病是谷子上重要的检疫性种传病害，加强种子检疫检验，控制病区种子不外调作种用是防控核心，坚持生产和使用无病种子，结合田间清洁生产，从而达到不用或少用农药控制病害严重发生的态势，是最经济有效的绿色防控措施。

（1）加强种子检疫检验：控制病区种子不外调作种用。从病区调运种子时，必须严格进行检疫检验，防止扩大蔓延。方法是取适量种子放入"贝曼"漏斗水中，常温条件下浸入水中24小时，取底层液离心镜检。病区科研单位用作区试、品比、产比等试验示范的种子，必须经过处理确保不带线虫病，阻止线虫病进一步传播。

（2）无病种子生产：从原原种开始建立无病种子繁（制）种体系。选择3年以上没有种植谷子的地块，采用温汤浸种或药剂处理，利用不携带活体病原菌的种子进行生产。因谷子线虫病病原线虫在种子颖壳内或表面休眠，种子处理可有效控制该病为害。温汤浸种：用55～56℃温水浸种10分钟，然后用清水漂洗，去除秕粒，晾干后播种。药剂处理：可用40%辛硫磷乳油、30%毒·辛微囊悬浮剂按种子量的0.2%～0.3%拌种，避光闷种4小时，晾干后播种。注意40%辛硫磷乳油可以在夏谷区应用，在春谷区低温条件下容易影响谷子发芽率。药剂处理对种子携带的线虫防控效果好，对土壤携带的线虫效果差。制种田一旦发现线虫病穗，即使剪掉病穗离田处理，其附近的健穗上也能携带线虫，不能作为无病种子。

（3）农业防治：优选无病种子。施用腐熟的粪肥和堆肥。重病田块禁止秸秆还田，实行3年以上轮作倒茬。零星发病田块做好田间清洁生产，即在谷子灌浆中期发现田间有病穗，要及时剪掉并带至田外深埋或销毁，避免病秕粒散落田间，导致翌年发病。

# 二、谷子虫害

## 12.蝼蛄

蝼蛄俗称拉拉蛄、土狗，属直翅目蝼蛄科。主要种类有单刺蝼蛄（*Gryllotalpa unispina*）和东方蝼蛄（*Gryllotalpa orientalis*）两种。单刺蝼蛄又叫华北蝼蛄，是谷子的主要地下害虫。成虫和若虫在地下串行，咬食未出苗的种子和谷苗根颈，造成缺苗断垄。

### [形态特征]

**成虫** 单刺蝼蛄成虫（图12-1）黑褐色，体长39～45毫米，触角丝状，腹末尾须1对；东方蝼蛄成虫（图12-2）浅黄褐色，体长30～35毫米，全身被细毛。两种蝼蛄主要以后足胫节背侧刺的数量来区分，其中具1个刺的为单刺蝼蛄，3～4个刺的为东方蝼蛄。

图12-1　单刺蝼蛄成虫

图12-2　东方蝼蛄成虫

**卵**（图12-3）　椭圆形。单刺蝼蛄卵初产为黄白色，后变黄褐色，孵化前呈暗灰色，长2.4～3.0毫米，宽1.5～1.8毫米；东方蝼蛄卵初产为乳白色，后变黄褐色，孵化前为暗褐色或暗紫色，长约4.0毫米，宽约2.3毫米。

**若虫**（图12-4）　若虫与成虫相似，低龄若虫无翅芽。单刺蝼蛄13龄，东方蝼蛄7～8龄。初孵若虫乳白色至黄色，随着生长发育体色逐渐加深。

图12-3　蝼蛄卵

图12-4　蝼蛄若虫

[发生规律]　单刺蝼蛄在我国北方3年1代，以八龄以上若虫或成虫在冻土层以下越冬，一般下潜深度50～120厘米。翌年春季当土温上升至8℃时，越冬蝼蛄上移到土壤表层活动，在地表留有串行隧道。4—5月为害谷子等春播作物和返青小麦。6—7月成虫产卵于地下土室，每头雌虫产卵80～800粒，孵出若虫为害秋播作物。第一年以八至九龄若虫越冬，第二年以十二至十三龄若虫越冬，第三年越冬若虫羽化为成虫。东方蝼蛄在北方2年1代，南方1年1代，以若虫和成虫越冬。第二年越冬后的成虫5月下旬产卵，每头雌虫平均产卵150粒，孵出若虫为害夏、秋作物后越冬，翌年若虫继续为害后羽化为成虫。两种蝼蛄的成虫和若虫均为害作物，在地下串行，咬食谷苗根颈部呈乱麻状，使幼苗枯黄死亡

(图12-5)，造成缺苗断垄。蝼蛄具有趋光性。对煮成半熟的谷子、炒香的豆饼、麦麸等香甜物及马粪等有机肥具有强烈趋性。

图12-5　蝼蛄串行造成幼苗枯死

[调查要点]　谷子播种后，在幼苗生长期，注意观察有无蝼蛄在地表串行拱起的隧道，拔起被拱谷苗，查看根颈部是否呈乱麻状。当被害株达3%时应及时防治。

[防治技术]

（1）灯光诱杀：在4—10月设置杀虫灯诱杀成虫。

（2）种子处理：可用40%辛硫磷乳油、600克/升吡虫啉悬浮种衣剂、70%噻虫嗪种子处理可分散粉剂或47%丁硫克百威种子处理乳剂，按种子量的0.3%拌种，晾干后播种。

（3）毒土、毒饵：播种时可将3%辛硫磷颗粒剂3～4千克/亩或0.1%噻虫胺颗粒剂15～20千克/亩，撒于播种沟内；或每亩用40%辛硫磷乳油250～300毫升，加3～5倍水喷拌在25～30千克细沙土上，边喷边搅拌，充分拌匀制成毒土，撒于播种沟内；或播种后用90%杀虫单可湿性粉剂100克或40%辛硫磷乳油50～100毫升，加适量水拌炒香的棉籽饼、豆饼、麦麸或煮半熟的谷子（晾干）2～3千克，制成毒饵，在傍晚撒于田间诱杀。

## 13.金针虫

金针虫俗称钢丝虫，属鞘翅目叩头甲科。为害谷子的主要种类有沟金针虫（*Pleonomus canaliculatus*）、细胸金针虫（*Agriotes fuscicollis*）和褐纹金针虫（*Melanotus caudex*）。均以幼虫在地下取食种子或咬断谷苗根颈，致幼苗死亡，造成缺苗断垄。是谷子的重要地下害虫。

[形态特征]

**成虫**（图13-1）　三种金针虫的成虫体色有深褐色至棕红色或暗黑色至黑色。其中沟金针虫的体较长，14～18毫米；细胸金针虫和褐纹金针虫体较短，7～14毫米。

**卵**　三种金针虫的卵均为乳白色，圆形或椭圆形，宽0.5～1.0毫米。

**幼虫**（图13-2）　沟金针虫黄褐色，有光泽；老熟幼虫体长20～30毫米，宽约4毫米，背面中央有一细纵沟，尾节分叉，叉的内侧各有1个小齿。细胸金针虫细长，淡黄褐色，有光泽；老熟幼虫体长约23毫米，宽约1.3毫米，尾节圆锥形，不分叉。褐纹金

图13-1　金针虫成虫

沟金针虫

细胸金针虫

褐纹金针虫

图13-2　金针虫幼虫

针虫体色较深，红褐色；老熟幼虫体长25～30毫米，宽约1.7毫米，尾节近圆锥形，末端有3个齿状突起。

**蛹** 三种金针虫的蛹均为纺锤形，初为乳白色，后变黄色。沟金针虫蛹长15～17毫米，细胸金针虫和褐纹金针虫的蛹较短，为8～12毫米。

[发生规律] 金针虫不同种类的生活史有明显差别，沟金针虫3～4年发生1代，褐纹金针虫3年1代，细胸金针虫2～3年1代。三种金针虫均以幼虫或成虫在20～40厘米土层越冬。成虫4—5月出土活动，昼伏夜出，交尾产卵于土中。幼虫孵出后在土中生活700～1 200天，随土温变化有上升、下移的活动习性。沟金针虫、细胸金针虫和褐纹金针虫分别在距地面10厘米地温下降到4～8℃、3.5℃和8℃时下移越冬，高于上述温度时则上移为害。不同种类金针虫对土壤环境的适应能力有明显差别，沟金针虫幼虫多发生在沙壤土和黏壤土的旱地平原地区，春季雨水较多、墒情好时为害重；细胸金针虫多发生在水浇地和保水能力较好的黏重土壤中；褐纹金针虫发生于湿润疏松、有机质含量1%以上的土壤中。细胸金针虫和沟金针虫成虫有趋光性。

[调查要点] 在谷子播种出苗至拔节期间，观察有无被害萎蔫的植株，并检查受害株根部土壤中有无金针虫为害，当被害株率达3%时，应及时防治。

[防治技术]

(1) **灯光诱杀**：在4—10月成虫发生期设置杀虫灯诱杀成虫，减少田间虫卵量。

(2) **种子处理**：播种前用40%辛硫磷乳油、600克/升吡虫啉悬浮种衣剂、70%噻虫嗪种子处理可分散粉剂按种子量的0.3%拌种，晾干后播种。

(3) **毒土**：播种时可将3%辛硫磷颗粒剂3～4千克/亩，撒于播种沟内；或每亩用40%辛硫磷乳油250～300毫升，加3～5倍水喷洒在25～30千克细沙土上，边喷边搅拌，充分拌匀制成毒土，撒于播种沟内。

(4) **药液灌根**：在幼虫为害期，若局部发生程度重，可用35%辛硫磷微囊悬浮剂600～800毫升/亩灌根；若全田普遍发生，可随浇水灌药。

## 14.蛴螬

蛴螬（图14-1）俗称白地蚕，为鞘翅目金龟总科幼虫。蛴螬在我国分布广、种类多。为害谷子的主要有铜绿丽金龟（*Anomala corpulenta*）、华北大黑鳃金龟（*Holotrichia oblita*）、黄褐丽金龟（*Anomala exoleta*）（图14-2）和东北大黑鳃金龟（*Holotrichia diomphalia*）等的幼虫，咬食幼苗根部，导致植株萎蔫死亡。

图14-1　蛴螬

图14-2　铜绿丽金龟、华北大黑鳃金龟、黄褐丽金龟（由左至右）

[形态特征]　蛴螬为金龟子幼虫，不同种类大小有所差别，一般体长30～45毫米，乳白色，体壁柔软、多皱，向腹面弯曲呈C形，体表疏生细毛。头大而圆，多为黄褐色或红褐色。有胸足3对，一般后足较长。腹部10节，臀节生有刺毛，不同种类刺毛的数量和排列有明显差别。铜绿丽金龟幼虫臀节的刺毛呈两行排列，15～18对；黄褐丽金龟幼虫臀节刺毛由两种刺毛组成，前段为尖

端向中央弯曲的短锥状刺毛，一般每列10～15根，后段为长针状刺毛，每列7～13根，均为两行排列。华北大黑鳃金龟幼虫和东北大黑鳃金龟幼虫臀节无刺毛，只有钩毛群。

[发生规律] 铜绿丽金龟、黄褐丽金龟1年发生1代，东北大黑鳃金龟、华北大黑鳃金龟2年发生1代，均以幼虫（蛴螬）在土壤中越冬。翌年春季天气回暖后，越冬幼虫逐渐从深层土壤移至耕层为害。蛴螬终生栖息于土壤中，其活动主要与土壤的理化性质和温、湿度密切相关。蛴螬在土壤中活动的适宜温度为13～18℃，高于23℃或低于10℃即逐渐向深土层（20～50厘米）转移。一般有机质多、疏松地块蛴螬发生重，相反土壤黏重、有机质含量低的地块发生轻。

[调查要点] 在谷子苗期发现有枯萎植株并挖出蛴螬后，应及时调查被害情况，当被害株率达到3%时应及时进行防治。

[防治技术]

（1）**灯光诱杀**：蛴螬成虫有趋光性，在5—8月可利用杀虫灯诱杀成虫，减少田间虫卵量。

（2）**种子处理**：播种前用40%辛硫磷乳油、600克/升吡虫啉悬浮种衣剂、70%噻虫嗪种子处理可分散粉剂、10%噻虫胺种子处理微囊悬浮剂或5%氟虫腈悬浮种衣剂按种子量的0.3%拌种，晾干后播种。

（3）**毒土**：播种时可将3%辛硫磷颗粒剂3～4千克/亩或0.1%噻虫胺颗粒剂15～20千克/亩，撒于播种沟内；或每亩用40%辛硫磷乳油250～300毫升，加3～5倍水喷洒在25～30千克细沙土上，边喷边搅拌，充分拌匀制成毒土，撒于播种沟内。

（4）**药剂灌根**：在幼虫为害期，若局部发生重，可用35%辛硫磷微囊悬浮剂600～800毫升/亩或48%噻虫啉悬浮剂55～70克/亩灌根；若全田普遍发生，可随浇水灌药。

## 15.根土蝽

根土蝽（*Stibaropus formosanus*）又称麦根蝽，俗称地臭虫，属半翅目土蝽科（图15-1）。发生在我国东北、华北、西北及华东等地。以成虫、若虫在地下刺吸谷子根部汁液（图15-2），抑制谷子生长，造成叶片枯黄，植株矮小，甚至死亡。

图15-1 根土蝽成虫及若虫

图15-2 根土蝽以成虫和若虫为害谷子根部

[形态特征]

**成虫** 体长4.0～5.5毫米，椭圆形，棕褐色，有光泽。头部前突略下倾，侧叶明显上翘，略长于中叶，具较深皱纹。额部中央呈内沟状隔开。触角短丝状，5节，第一节极小，易见到4节。复眼小，橘红色。有单眼，位于复眼之后。前胸最宽处位于两后角之间，中央隆起，前缘短弧凹，侧缘半圆形，后缘弧凸，两侧各具一黑褐色斑。小盾片基部光滑，端部横皱。前足胫节镰刀状；中足胫节香蕉状；后足胫节马蹄状，马蹄的底面及周缘具40多根粗短刺。跗节细小，前足跗节着生于胫节中部；中后足跗节着生于胫节顶端。

**卵** 长1.0～1.2毫米，宽约1.0毫米，椭圆形，灰褐色。

**老熟若虫** 体长5.0毫米左右，体白色，足黄白色，头、胸、翅芽橙黄色。腹部纺锤形，背面有3条黄色横纹，各节具细毛。

[发生规律] 根土蝽在华北地区2年发生1代。以成、若虫在30～60厘米土层越冬。翌年随气温升高，越冬虫逐渐上移到耕作层土壤，为害谷子、小麦、玉米等作物。谷子播种出苗后，成虫和若虫在地下刺吸谷子根部营养。谷子受害后叶片自下而上变黄，植株矮化枯死。成虫在土中交配，产卵于20～30厘米的潮湿土层里，单雌产卵量数粒至百余粒。该虫有假死性，能分泌臭液，发生严重的地块可闻到臭味。当地温高于25℃或天气闷热的雨后，部分成虫爬至土表，身体稍干即可爬行或低飞。干旱年份发生重。

[调查要点] 谷子苗期观察有无基部叶片发黄、植株矮小现象，并调查根部周围土壤有无臭味，再翻土检查，如有成、若虫应立即防治。

[防治技术]

（1）农业防治：重发生田改种薯类、豆类、棉花等非寄主作物，有条件的地区实行秋耕冬灌，改旱地为水浇地，消除根土蝽的适生环境，可减轻为害。

（2）种子处理：播种前用600克/升吡虫啉悬浮种衣剂、70%噻虫嗪种子处理可分散粉剂、5%氟虫腈悬浮种衣剂或40%辛硫磷乳油按种子量的0.3%拌种，晾干后播种。

（3）土壤处理：上年发生严重地块，每亩可用3%辛硫磷颗粒剂3千克，兑细土20千克拌匀，制成毒土，撒于田间，然后再灌水造墒播种；或用40%辛硫磷乳油1千克/亩，随水灌入田间，然后再整地播种；或播种时将3%辛硫磷颗粒剂3千克/亩，均匀撒于播种沟。

（4）药剂灌根：生长期间若发现点片为害，可用35%辛硫磷微囊悬浮剂600～800毫升/亩灌根，若整田普遍发生，可随浇水灌药。

## 16.拟地甲

拟地甲又称砂潜，属鞘翅目拟步甲科。为害谷子的主要有蒙古拟地甲（*Gonocephalum reticulatum*）和网目拟地甲（*Opatrum subaratum*）（图16-1），该虫食性杂，除为害谷子外还为害30多个科的100余种植物。两种拟地甲常混合发生，干旱地区普遍发生，尤以春播谷子发生重。谷子播种出苗期间成虫和幼虫咬食谷子萌发的幼芽和幼苗（图16-2），造成缺苗断垄。

蒙古拟地甲　　　网目拟地甲

图16-1　拟地甲成虫

图16-2　蒙古拟地甲为害幼芽和幼苗

[形态特征]　拟地甲各虫态特征如表16-1所示。

表16-1　两种拟地甲形态特征介绍

| 虫态 | | 蒙古拟地甲 | | 网目拟地甲 | |
|---|---|---|---|---|---|
| | | ♀ | ♂ | ♀ | ♂ |
| 成虫 | 体长（毫米） | 5.9～6.9 | 4.9～5.7 | 7.15～8.55 | 6.4～8.7 |
| | 体宽（毫米） | 2.2 | | 3.8～4.6 | |
| | 体色 | 黑褐色有光泽 | | 黑色略带褐色 | |
| | 鞘翅 | 鞘翅狭长，能展翅飞翔 | | 鞘翅近长方形，不能展开，后翅退化不能飞翔 | |
| 卵 | 形状 | 椭圆形 | | 长椭圆形 | |
| | 体长（毫米） | 0.5～1.3 | | 1.18～1.50 | |
| | 体宽（毫米） | 0.54～0.80 | | 0.58～0.93 | |
| | 颜色 | 乳白色 | | 乳白色 | |
| | 幼虫 | 体长13.32～18.20毫米，初孵幼虫乳白色，后变黄褐色，6龄 | | 体长12.4毫米，体黄褐色，末龄灰黄色，7龄 | |
| | 蛹 | 乳白色，复眼红褐色，长5.5～7.4毫米 | | 乳黄色至深黄褐色，长6.8～8.7毫米，宽3.1～4.0毫米 | |

[发生规律]　蒙古拟地甲和网目拟地甲在华北地区1年发生1代，均以成虫潜伏在疏松土壤中越冬，其中蒙古拟地甲多在2～10厘米土层，网目拟地甲多在15～30厘米土层，以及多年生杂草和越冬作物根际、残株落叶下及洞穴等处越冬。翌年春季当地温达5℃时蒙古拟地甲成虫开始活动，8℃时在无风的天气爬行觅食，遇到较高气温时能起飞，有较强的趋光性。网目拟地甲成虫因后翅退化不能飞翔，爬行较慢。谷子播种后，拟地甲从越冬场所转移到谷田为害幼苗，尤以干旱的坡地谷子受害重。两种拟地甲成虫受惊扰时均具假死性。对豆饼、花生饼有趋性。

　　成虫一生可多次交配，也能孤雌生殖。单雌产卵30～400粒，卵（图16-3）散产于2厘米的表土层内。幼虫（图16-4）在土中觅

网目拟地甲　　　　　蒙古拟地甲

图16-3　蒙古拟地甲卵　　　　图16-4　拟地甲幼虫

食，老熟后在10～15厘米表土层做土室化蛹。幼虫抗水性较差。低洼地、水分过高的地块发生轻；地势较高的丘陵山坡和排水良好的地块发生重。

[调查要点]　在谷子出苗期间调查拟地甲发生数量。平均每平方米有1头虫时，应及时防治。

[防治技术]

（1）诱杀成虫：利用蒙古拟地甲有较强的趋光性，可设置杀虫灯诱杀成虫。利用拟地甲对豆饼和花生饼的趋性，可在发生较重的地块以毒饵诱杀。毒饵可用90%的杀虫单可湿性粉剂100克或40%辛硫磷乳油50～100毫升，加适量水稀释后，与3千克粉碎的豆饼或花生饼混匀，撒于田间，特别是在地块边缘进行诱杀。

（2）种子处理：播种前用600克/升吡虫啉悬浮种衣剂或70%噻虫嗪种子处理可分散粉剂按种子量的0.3%拌种，晾干后播种。

## 17.粟负泥虫

粟负泥虫（*Oulema tristis*）又称粟叶甲，俗称肉蛋虫、舔虫、白焦虫等，属鞘翅目负泥虫科。在各谷子产区均有分布，春谷区的丘陵地带尤其严重，是目前谷子上常发的主要害虫。以幼虫为害为主，成虫亦可为害。成虫沿叶脉啃食叶肉，只留下表皮，呈断续状长白条（图17-1），严重为害可使叶片撕裂、枯死（图17-2）。幼虫

图17-1 粟负泥虫成虫为害造成断续白条

图17-2 粟负泥虫严重为害造成叶片撕裂

多藏在谷子心叶内，舔食叶肉，造成宽白条状食痕（图17-3），严重时造成枯心、烂叶甚至枯死（图17-4）。

图17-3 粟负泥虫幼虫为害叶片造成宽白条状食痕

图17-4 粟负泥虫幼虫严重为害造成苗枯

**[形态特征]**

**成虫**（图17-5） 体长3.5～4.5毫米，体宽1.6～2.0毫米，深蓝色具金属光泽。复眼黑褐色，大而向外突出，触角丝状，黑褐色，11节。3对足黄色，基节深蓝色，跗节黑褐色。前胸背板长大于宽，中胸小盾片倒梯形。

**卵**（**图17-6**） 椭圆形，长0.8 ～ 1.5毫米，初产时淡黄色，孵化前为黑色。

图17-5 粟负泥虫成虫

图17-6 粟负泥虫卵

**幼虫**（**图17-7**） 老熟幼虫体长5.0 ～ 6.0毫米，黄白色，头红褐色至黑褐色，腹部膨大，背面隆起，呈半梨形，腹背中央有一较深的纵线，每个体节均有较深的皱褶。

**蛹**（**图17-8**） 裸蛹，长约5.0毫米，黄白色，茧灰色。

图17-7 粟负泥虫幼虫

图17-8 粟负泥虫蛹

[发生规律] 粟负泥虫在我国北方1年发生1代，以成虫在谷茬地土缝、杂草根际和作物残株内越冬。翌年春季气温回升后，越

冬成虫开始活动，先在杂草上为害，谷子出苗后，逐渐迁移到谷田取食、交配产卵。华北和西北越冬成虫于5月上、中旬开始活动，东北则在5月下旬至6月上旬开始活动。成虫有假死性，受惊后即落地假死，并有一定的趋光性，飞翔力不强。成虫在中午前后活跃，仲夏中午高温时活动变缓，一般白天不取食，只作短距离飞翔，多在谷苗叶背面或心叶内栖息。傍晚爬出心叶在植株叶片上求偶、交尾、产卵或取食。成虫产卵时多选择在谷子叶片背面近中脉处，每次产卵多粒，顺叶脉排列成"一"字形。卵期7天左右。初孵幼虫爬行缓慢，陆续潜入谷苗心叶或接近心叶的叶片，顺叶脉取食叶肉，残留叶脉和表皮，形成白色斑纹，一株有虫4～5头，多者达十几头以上。华北和西北地区的幼虫为害盛期一般在5月下旬至6月中、下旬，东北地区则在6月中旬至7月。幼虫共分4个龄期，取食约20天，老熟后便离株入土，在1～2厘米的土层作茧化蛹。蛹期18～21天。7月上旬出现当代成虫，成虫羽化时将茧咬破爬出，在谷田取食。羽化盛期为7月下旬。9月上、中旬随天气变冷逐渐转移越冬。粟负泥虫一般在山坡地、早播谷田发生重；平川水浇地、晚播谷田发生轻；若冬春气温低，则越冬成虫死亡率增加，为害轻；若5—6月气温高，降雨偏少或遇春旱，有利于成虫活动，为害重。

[调查要点]　谷子苗期注意调查谷田成虫数量，并剥查心叶，调查幼虫数量，及时防治。

[防治技术]

（1）**农业防治**：秋后或早春，结合耕地，清除田间农作物残株落叶和地头、地埂的杂草，集中销毁，破坏成虫越冬场所，减少越冬虫源。

（2）**种子处理**：可用600克/升吡虫啉悬浮种衣剂或70%噻虫嗪种子处理可分散粉剂按种子量的0.3%拌种，晾干后播种。

（3）**药剂防治**：谷子出苗后可用3.2%高氯·甲维盐微乳剂20～30毫升/亩、5%高效氯氟氰菊酯水乳剂30～40毫升/亩、2.5%溴氰菊酯微乳剂15～20毫升/亩、70%吡虫啉水分散粒剂2～4克/亩或48%噻虫啉悬浮剂10～20克/亩进行喷雾，田间、地头的杂草上也要喷药。

## 18.粟凹胫跳甲

粟凹胫跳甲（*Chaetocnema ingenua*）又称粟茎跳甲、谷跳甲，俗称土跳蚤、地蹦子等，属鞘翅目叶甲科。在我国北方谷子产区均有发生，春播谷子受害重。以幼虫为害为主，成虫亦可为害。幼虫由茎基部蛀孔钻入造成枯心，或不能正常生长形成丛生，俗称"芦蹲"或"坐坡"，发生严重可导致缺苗断垄。成虫为害幼苗叶片表皮组织造成白色断续条斑，严重时可使叶片纵裂或枯萎。

[形态特征]

**成虫**（图18-1）体长2.5～3.0毫米，宽约1.5毫米，椭圆形，腹背拱凸，古铜色和蓝绿色，有金属光泽。触角11节，基部4节黄褐色，其余各节暗褐色。前胸背板拱凸，密布刻点，小盾片半圆形，无刻点。鞘翅刻点较前胸背板稀疏，排列规则。腹部腹面黄褐色，可见5节。各足基节和后足腿节黑褐色，其

图18-1　粟凹胫跳甲成虫

余各节黄褐色，后足胫节显著膨大，善于跳跃，后足胫节外侧有凹刻，并生有整齐的毛列。

**卵**（图18-2）长椭圆形，长约0.75毫米，米黄色至深黄色。

**幼虫**（图18-3）体长4.0～6.5毫米，头部黑色，胸足黑褐色，

图18-2  粟凹胫跳甲卵

图18-3  粟凹胫跳甲幼虫

前胸背板及臀板黑色。腹部各节白色，每节侧面及背面散生大小不等、排列不甚整齐的暗褐色斑。

**蛹**  裸蛹，椭圆形，长约3.0毫米，乳白色，腹部末端两分叉。

[**发生规律**]  粟凹胫跳甲在我国东北地区1年发生1～2代，在华北地区2～3代。以成虫潜伏在土缝、杂草根际、作物根茬、枯叶及表土层中越冬。翌年春季气温升高至15℃以上时，越冬成虫陆续恢复活动，咬食叶肉，残留表皮形成与叶脉平行的白色断续条纹（图18-4），严重时可使叶片纵裂或枯萎，与粟负泥虫成虫为害相似，但较粟负泥虫的为害条纹窄、短。以每日9时至16时最活跃，中午烈日或阴雨天多潜伏于叶片背阴处、心叶中或土块下。成虫一生多次交尾，并有间断产卵习性。卵大多产于谷子根际表土中，少数产于谷苗茎基部叶鞘上（图18-5）。每雌一生可产卵100粒左右，卵期7～11天。幼虫孵化后，沿地面或叶基爬行，在谷茎接近地面部位咬小孔钻入，蛀孔似针刺黑色小孔，无虫粪（图18-6）。一般一株有虫1～2头，多者可达十余头。幼虫蛀入谷苗内，破坏生长点，3天后植株萎蔫出现枯心（图18-7），后期被害株矮化，叶片丛生，不能抽穗结实。以苗高6～7厘米时受害较重，40厘米以上谷苗不再发现枯心。幼虫有转株为害习性，1头幼虫可为害谷苗2～7株。幼虫老熟后在被害株基部咬孔脱出，在1.5～4.0厘米土壤中做土室化蛹。

图18-4　粟凹胫跳甲成虫为害造成断续白条

图18-5　粟凹胫跳甲卵产于茎基部叶鞘上

图18-6　粟凹胫跳甲幼虫蛀茎

图18-7　粟凹胫跳甲幼虫为害造成枯心苗

蛹期8～12天。第二、三代幼虫发生期，谷子已拔节抽穗，幼虫极少蛀茎，大部分在叶鞘或心叶丛里潜藏为害。干旱少雨年份发生重，旱坡地重于水浇地，早播地块、重茬地块发生重。

[调查要点]　在谷子出苗3～5叶期，调查谷田成虫发生数量和为害程度，发现平均每平方米有虫1头以上时应及时防治。

[防治技术]

（1）农业防治：秋季深翻土地，破坏越冬场所。清除地头及田埂杂草，集中销毁或深埋，减少越冬虫源。合理轮作，避免重茬，适时播种能减轻为害。结合间苗、定苗及时拔除枯心苗，带出田外销毁或深埋。

（2）**种子处理**：可用600克/升吡虫啉悬浮种衣剂或70%噻虫嗪种子处理可分散粉剂按种子量的0.3%拌种，晾干后播种。

（3）**药剂防治**：重点预防越冬代成虫，在一代幼虫蛀茎前防治。可用5%高效氯氟氰菊酯水乳剂30～40毫升/亩、2.5%溴氰菊酯微乳剂15～20毫升/亩、70%吡虫啉水分散粒剂2～4克/亩或48%噻虫啉悬浮剂10～20克/亩，全田喷雾。喷药时倒退施药，避免破坏药土层，还可有效防治初孵幼虫，效果更佳。

## 19.粟鳞斑肖叶甲

粟鳞斑肖叶甲（*Pachnephorus lewisii*）属鞘翅目肖叶甲科。在我国北方谷子产区均有发生，春播谷子受害重。主要以成虫在谷子出苗期间咬食幼芽，或咬断幼苗基部，造成缺苗断垄，严重为害可导致毁种。

[形态特征]

**成虫**（图19-1） 长椭圆形，雌虫体长2.5～3.0毫米，雄虫2.0～2.5毫米。初羽化时为白色，逐渐变为淡褐色，最后变为灰褐色，具暗金属光泽。全身和足密被排列不规则的灰褐色和白色鳞片状毛。头小下屈，从背面不易见，复眼黑褐色，触角11节，第一节膨大，第二节至第六节较细，末端5节较宽，略呈念珠状。前胸背板短，近圆形，具侧缘，密布细小刻点和鳞片。鞘翅基部明显宽于前胸背板，鞘翅刻点大于前胸刻点，其纵横排列分布不规则。3对足等长。腹部可见5节。

**卵**（图19-2） 椭圆形，长0.5～0.7毫米，初产时乳白色，渐变乳黄色，孵化前变暗。

**幼虫** 老熟幼虫体长4～6毫米，乳黄色。头部淡黄色，胸足

图19-1　粟鳞斑肖叶甲成虫

图19-2　粟鳞斑肖叶甲卵

3对，等长，端生一爪。腹部第一节至第七节腹面各有1对指状突起，端生数根细毛。

**蛹**　裸蛹，长2.5～3.5毫米。初为乳白色，羽化前变暗。腹部尾端有2刺。

[发生规律]　粟鳞斑肖叶甲在北方谷子产区1年发生1～2代。以成虫在田边土块下、土缝里、作物根茬及杂草根际越冬。翌年春季3—4月开始活动为害。越冬成虫先在杂草上取食，4月谷子开始发芽出土，即由杂草上转移到谷田为害。5月上、中旬达到为害盛期。以成虫在谷子出苗前咬断谷子幼芽，使幼苗未出土即死亡，俗称"劫白"；在谷子刚出土时，咬断谷子幼苗的生长点，造成死苗，俗称"劫青"（图19-3）。待叶片展开后，成虫则咬食叶片，造成叶

图19-3　粟鳞斑肖叶甲为害谷苗茎基部

片残缺不全，影响幼苗生长（图19-4）。6月产卵于0.5～3.0厘米的土层，每雌平均产卵38粒，最多140粒。产卵期33～162天。幼虫发生在7—8月，主要生活在谷子等禾本科作物和杂草根际附近表土1～16厘米土层内。幼虫历期30天，7月下旬至9月幼虫老熟后在土中做土室化蛹。在25～26℃下，蛹期平均7天。成虫羽化后，9—10月在为害取食过程中逐渐寻找隐蔽场所潜伏越冬。成虫

图19-4　粟鳞斑肖叶甲为害谷子叶片

有假死性、群集性和趋光性。在气候干旱年份，尤其是春旱有利于该虫发生。

[调查要点]　谷子播种后，调查粟鳞斑肖叶甲发生数量，每平方米平均有虫1头以上时应及时防治。

[防治技术]

（1）**农业防治**：实行精耕细作，秋季耕翻土地，春季及时耕耙保墒，早春清除田边、地头、地埂杂草，可杀灭大量越冬成虫，降低越冬虫量，减轻虫害。

（2）**种子处理**：可用600克/升吡虫啉悬浮种衣剂或70%噻虫嗪种子处理可分散粉剂，按种子量的0.3%拌种，晾干后播种。

（3）**药剂防治**：在出苗前后对地表进行全田喷雾防治。可用5%高效氯氟氰菊酯水乳剂30～40毫升/亩、2.5%溴氰菊酯微乳剂15～20毫升/亩、70%吡虫啉水分散粒剂2～4克/亩或48%噻虫啉悬浮剂10～20克/亩，要求喷雾均匀周到，尤其注意地边及周边草丛的防治。

## 20.亚洲玉米螟

亚洲玉米螟（*Ostrinia furnacalis*）又称玉米钻心虫，属鳞翅目螟蛾科。在我国北方谷子产区普遍发生，以幼虫咬食心叶，钻蛀谷子茎秆，造成枯心或白穗（图20-1），或钻蛀穗颈和穗轴，造成整穗或半穗枯白（图20-2），发生严重时可引起植株倒折，造成严重减产。

图20-1　亚洲玉米螟幼虫钻蛀茎秆造成枯心或白穗

图20-2　亚洲玉米螟幼虫钻蛀穗颈或穗轴，造成白穗或半穗枯白

[形态特征]

**成虫**（图20-3） 雄成虫体长10～14毫米，翅展20～28毫米，触角丝状，灰黑色，复眼黑。前翅内横线为暗褐色波纹状，外横线为暗褐色锯齿状；后翅淡灰褐色，中央和近外缘各有一条褐色带。雌成虫体长13～15毫米，翅展25～34毫米。前翅淡黄色，线纹与斑纹淡褐色。后翅灰白色或淡灰褐色，后翅基部有翅缰，雄蛾1根较粗，雌蛾2根较细。

图20-3 亚洲玉米螟成虫

**卵**（图20-4） 卵粒扁平，椭圆形，鱼鳞状排列呈块状。初产卵乳白色，后渐变淡黄，孵化前卵粒中心呈现一小黑点。

**幼虫**（图20-5） 共5龄，初孵幼虫体长约1.5毫米，末龄幼虫体长20～30毫米。头深褐色，体淡灰褐色或淡红褐色。体背有3条褐色纵线，仅中央1条明显，两侧的纵线隐约可见。中、后胸背面各有一排4个圆形毛片。腹部第一节至第八节各节背面亦有

图20-4 亚洲玉米螟卵

4个毛片，后面2个较前面略小。

**蛹**（图20-6）　纺锤形，黄褐色至红褐色，体长15～18毫米。第一腹节至第七腹节腹面具刺毛2列，体末端有5～8根黑褐色向上弯曲的臀棘。雄蛹腹部较瘦削，尾端较尖，生殖孔在第七腹节气门后方，开口于第九腹节腹面。雌蛹腹部较雄蛹肥大，尾端较钝圆，交尾孔在第七腹节，开口于第八腹节腹面。

图20-5　亚洲玉米螟幼虫　　　图20-6　亚洲玉米螟蛹

[**发生规律**]　亚洲玉米螟因各地气候不同，发生世代有明显差别，从东北到海南1年发生1～7代，以老龄幼虫在寄主植物的茎秆、穗轴、根茎中越冬。春季随气温升高，越冬幼虫陆续化蛹、羽化。各地越冬代成虫出现时间分别为：山东5月上旬至6月中旬，北京5月下旬至6月中旬，辽宁6月中旬至7月中旬，黑龙江、吉林6月中、下旬至7月中旬。玉米螟发生的适宜温度为15～30℃，相对湿度60%以上。成虫飞翔力较强，有趋光性和较强的性诱反应。一般羽化后当天交尾，1～2天产卵。雌成虫多选择在植株叶背近中脉附近产卵，每头雌蛾可产10～20块卵，300～600粒，也可高达1 000粒以上。卵期3～5天。

春谷区以第一代和第二代幼虫为害为主。一代在6月中、下旬盛发，咬食心叶并钻蛀茎秆造成枯心。7月下旬至8月上旬，二代蛀茎造成穗死或倒折。一代是造成春谷减产的主要世代，也是防治的关键时期。夏谷区主要以二代和三代为害为主，7月中旬第二代为害，8月中、下旬三代幼虫为害。其中以第三代玉米螟造成的产量损失最大。不同品种间抗性有差异。

[调查要点]　春谷区在6月上、中旬，夏谷区在8月上、中旬，调查田间卵量，当谷田每千株累计有卵5块以上时即需防治。

[防治技术]

（1）**农业防治**：选用抗（耐）虫品种。秸秆还田粉碎要细，及时处理谷茬、秸秆，以减少越冬虫量。

（2）**灯光诱杀**：根据玉米螟成虫的趋光习性，可利用杀虫灯诱杀，每30～50亩1盏，可有效诱杀成虫，减少田间落卵量，减轻危害。

（3）**生物防治**：在每代成虫产卵始盛期释放赤眼蜂，每代产卵盛期连放2次，每5天1次，每亩2万～3万头。可以选用8 000国际单位/微升苏云金杆菌悬浮剂200～400毫升/亩或200亿孢子/克球孢白僵菌可分散油悬浮剂40～50毫升/亩进行喷雾。还可用人工合成的玉米螟性信息素诱芯诱杀雄虫，降低雌虫交配率和繁殖系数。

（4）**化学防治**：在每代成虫产卵至低龄幼虫蛀茎前防治。可用10%四氯虫酰胺悬浮剂20～40克/亩、200克/升氯虫苯甲酰胺悬浮剂3～5毫升/亩、1.8%阿维菌素乳油30～40毫升/亩、5%高效氯氟氰菊酯水乳剂30～40毫升/亩、2.5%溴氰菊酯微乳剂15～20毫升/亩，针对叶背和茎秆喷雾。

## 21.粟灰螟

粟灰螟（*Chilo infuscatellus*）又称二点螟，俗称谷子钻心虫，属鳞翅目螟蛾科。国内各谷子产区均有分布，春播谷子受害重。以幼虫蛀食谷子茎秆，苗期为害造成枯心苗（图21-1），穗期钻蛀造成白穗和秕粒（图21-2）。在北方除为害谷子外，也为害糜、黍、玉米、高粱等作物，在南方主要为害甘蔗。

图21-1　粟灰螟幼虫苗期蛀茎造成枯心

图21-2　粟灰螟幼虫成株期蛀茎造成白穗

## [形态特征]

**成虫**（**图21-3**）　雄虫体长约8.5毫米，翅展约18毫米，雌虫体长约10毫米，翅展约25毫米。头、胸部淡黄褐色或灰黄色，触角丝状。前翅近长方形，外缘略呈弧度，淡黄而近黄白色，杂有黑褐色细鳞片，中室顶端及中脉下方各有1个暗灰色斑点，前翅外缘有6～7个小黑点，边缘毛色较浅，翅脉间凹陷深；后翅灰白色，外缘略呈淡黄色。足淡褐色，中足胫节上有距1对，后足胫节有距2对。

　　**卵**（图21-4）　椭圆形，扁平。长0.8～1.5毫米，宽0.6～0.8毫米，表面有网纹。初产时乳白色，临孵化时灰黑色。卵块由2～4行卵粒呈鱼鳞状排列组成，每块卵数粒至数十粒不等。与玉米螟卵块相比，粟灰螟的卵粒较薄，卵粒间重叠部分较少，而且排列较松散，卵粒表面有三角形网纹。

图21-3　粟灰螟成虫

图21-4　粟灰螟卵

　　**幼虫**（图21-5）　老熟幼虫体长15～25毫米。头部赤褐色或黑褐色，前胸盾板近三角形，淡黄色或黄褐色。体背有茶褐色或紫褐色纵线5条，其中背中线暗灰色，亚背线及气门上线淡紫色。腹部8节，腹足4对，腹足趾钩为三序缺环。

　　**蛹**（图21-6）　纺锤形，长12～20毫米，初为淡黄色，后变黄褐色。幼虫期背部的5条纵线依然明显。腹部第八节以后，骤然瘦削，末端平。

图21-5　粟灰螟幼虫

图21-6　粟灰螟蛹

[发生规律] 我国长城以北春谷区1年发生1～2代；华北平原黄淮海等地的夏谷区1年3代。以老熟幼虫在谷茬内越冬，少数在谷秆内越冬。内蒙古及东北、西北等春谷区主要以第一代幼虫为害谷苗造成减产。老熟幼虫于5月下旬化蛹，6月初羽化，一般6月中旬为成虫盛发期，随后进入产卵盛期。卵产于叶片背面，卵期2～5天。6月下旬至7月上旬进入第一代幼虫为害盛期，初孵幼虫爬至茎基部由叶鞘缝隙钻孔蛀茎为害，1～3天后谷苗心叶枯死。与跳甲蛀茎为害的主要区别为：粟灰螟为害蛀孔稍大，且有少量虫粪和嚼碎残屑。7月下旬至8月上、中旬进入第二代幼虫为害期，幼虫钻蛀茎秆造成倒折、死穗，影响灌浆而减产。在春、夏谷混种区，春谷遭受第一代幼虫为害，盛期在6月下旬；夏谷遭受第二代为害，盛期在8月中、下旬；夏谷区以二代和三代幼虫蛀茎为害为主，二代幼虫为害盛期为7月中、下旬，三代为害盛期为8月中、下旬。但目前夏谷区已逐步推行一年两熟的耕作制度，普遍种植冬小麦，春谷面积急剧减少，导致粟灰螟一代幼虫无适宜寄主，因此该虫在夏谷区的二代虫量极少，基本不造成危害。

粟灰螟成虫昼伏夜出，有趋光性，成虫多选择在长势较好的植株叶背产卵，单雌产卵量平均200粒左右，幼虫有转株为害习性。每头幼虫可为害2～3株谷子。粟灰螟发生与为害程度与越冬虫源基数、气象条件和谷子生育期等因素关系密切。越冬虫源多、冬季气温偏高、春季干旱、夏季多雨，粟灰螟第一代发生重；春谷区早播发生重，晚播发生轻，春谷和春夏谷混播区发生重。

[调查要点] 春谷区注意早播谷子的调查，田间出现枯心苗时进行剥查，若是粟灰螟为害，枯心苗达到1%时进行防治。

[防治技术]

（1）农业防治：秋耕时，清理田间谷茬及秸秆，减少越冬虫源。适当调整播期，适时晚播可减轻危害。田间出现枯心苗后，要结合定苗及时拔除，防止幼虫转移为害。

（2）**灯光诱杀**：根据粟灰螟成虫的趋光习性，可利用杀虫灯诱杀，每30～50亩1盏，可有效诱杀成虫，减少田间落卵量，减轻危害。

（3）**药剂防治**：在幼虫钻蛀前防治。春谷区重点防治苗期第一代幼虫，春夏谷混种区重点防治二、三代幼虫。可用10%四氯虫酰胺悬浮剂20～40克/亩、200克/升氯虫苯甲酰胺悬浮剂3～5毫升/亩、1.8%阿维菌素乳油30～40毫升/亩、5%高效氯氟氰菊酯水乳剂30～40毫升/亩或2.5%溴氰菊酯微乳剂15～20毫升/亩等，针对茎基部喷雾。

## 22.稻纵卷叶螟

稻纵卷叶螟（*Cnaphalocrocis medinalis*）又称刮青虫，属鳞翅目螟蛾科，各谷子产区均有分布。除为害谷子外，主要为害水稻，有时为害小麦、玉米、甘蔗及禾本科杂草。以幼虫缀丝纵卷谷子叶片成虫苞，幼虫潜藏虫苞内啃食叶肉，仅留表皮，形成白色条斑，致叶片枯死（图22-1），造成减产。

图22-1　稻纵卷叶螟田间为害状

[形态特征]

**成虫**（图22-2）　体长7～9毫米，体、翅均为淡黄褐色，前翅前缘暗褐色，有2条褐色横线，内横线、外横线斜贯翅面，两线间有1条较短的中横线，外缘有暗褐色宽带；后翅亦有2条横线，内横线短，不达后缘，外缘具暗褐色宽带。雄蛾体稍小，色泽较鲜艳，前、后翅斑纹与雌蛾相近，但前翅前缘中部有黑色眼状纹，雌蛾前翅则无眼状纹。

**卵**（图22-3）　长约1毫米，近椭圆形，扁平，中部稍隆起，初产时白色透明，近孵化时淡黄色，表面具细网纹。

图22-2　稻纵卷叶螟成虫

图22-3　稻纵卷叶螟卵

**幼虫**（图22-4）　老熟幼虫长14～19毫米，头褐色。低龄幼虫绿色，后转黄绿色，成熟幼虫橘红色。中、后胸背面有8个小黑圈，前排6个，后排2个。

**蛹**（图22-5）　长7～10毫米，初为浅黄色，后变红棕色至褐色，圆筒形，末端尖，

图22-4　稻纵卷叶螟幼虫

图22-5　稻纵卷叶螟蛹

具8个钩刺。

[发生规律]　稻纵卷叶螟在我国1年发生1～11代，自北向南逐渐递增。东北1年发生1～2代，河北、河南、山东等地1年发生2～3代，在我国北纬30°以北地区，任何虫态都不能安全越冬。该虫有远距离迁飞习性，每年春季，成虫随季风由南向北而来，随气流下沉和雨水拖带而降落，成为非越冬地区的初始虫源。秋季，成虫随季风回迁到南方进行繁殖，以幼虫和蛹越冬。稻纵卷叶螟成虫有趋光性和趋向嫩绿谷叶产卵的习性，喜荫蔽和潮湿环境。白天栖息于谷田，夜晚活动、交配，把卵产在叶片的正面或背面的中脉附近，卵散产，多数1处产1粒，少数2～5粒排列在一起。每雌产卵量40～50粒，最多150粒以上，卵期3～6天。幼虫期15～26天，共5龄，一龄幼虫不结苞，常爬入心叶或嫩叶鞘内侧啃食。二龄幼虫先将叶尖卷成小虫苞，然后继续吐丝纵卷谷叶形成较大虫苞，幼虫潜藏在虫苞内啃食叶肉，仅留表皮。幼虫蜕皮前，常转移至新叶重新做苞。第四、五龄幼虫食量增大，频繁转苞为害。每头幼虫一生可卷5～6片叶，多的达9～10片。老熟幼虫在植株基部的黄叶或无效蘖的嫩叶苞中化蛹，少数在老虫苞中化蛹，蛹期5～8天。

[调查要点]　谷子抽穗后观察植株下部叶片有无叶苞，并剥查，应在三龄前及时防治。

[防治技术]

（1）**农业防治**：选用抗虫品种。

（2）**灯光诱杀**：利用成虫的趋光性，于成虫盛发期采用杀虫灯诱杀，每30～50亩1盏。

（3）**生物防治**：可在成虫产卵始盛期至高峰期，释放赤眼蜂。分期分批放蜂，每亩每次放3万～4万头，隔3天放1次，连续放蜂3次。

（4）**化学防治**：在卵孵化高峰期至二龄幼虫盛发期防治。于早晨或傍晚用200克/升氯虫苯甲酰胺悬浮剂5～10毫升/亩、10%溴氰虫酰胺可分散油悬浮剂20～26毫升/亩、10%四氯虫酰胺悬浮剂10～20克/亩或1.8%阿维菌素乳油30～40毫升/亩等进行喷雾，严重时隔5～7天再用药1次。

## 23.黏虫

黏虫（*Mythimna separata*）又称五色虫、剃枝虫、行军虫等，属鳞翅目夜蛾科。具有迁飞性、杂食性、暴发性，是全国性重大农业害虫。在我国谷子产区普遍发生，除谷子外可食害百余种植物。幼虫为害谷子叶片形成缺刻（图23-1），大发生时能将叶片啃食干净，仅留叶脉（图23-2），造成减产，甚至绝收。

[形态特征]

**成虫**（图23-3）　体长16～20毫米，翅展35～45毫米，体淡黄色至淡灰褐色。前翅由翅尖斜向后伸有1条暗色条纹，中央近前缘有2个淡黄色圆斑，外侧圆斑较大，其下方有1个小白点，白点两侧各有1个小黑点。后翅基区为淡褐色，翅尖及外缘色较深，前缘基部有一针刺状翅缰与前翅相连。雌蛾翅缰3根，雄蛾1根。雌

图23-1　黏虫幼虫啃食叶片呈缺刻

图23-2　黏虫为害严重叶片仅剩叶脉

蛾腹部末端比雄蛾稍尖。雄蛾尾部有抱器。

**卵**（图23-4）　馒头形，直径约0.5毫米。初产乳白色，后转黄色，孵化前灰黑色。卵粒排列呈链状卵块。

图23-3　黏虫成虫

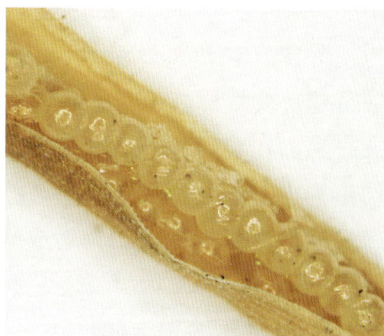

图23-4　黏虫卵

**幼虫**（图23-5）　老熟幼虫体长38～40毫米。头黄褐色至淡红褐色，有暗褐色网纹，头正面有近"八"字形黑褐色纵纹。体色多变，背面底色淡绿色、黑褐色至黑色，大发生时多呈黑色。背中线白色，边缘有细黑线，两侧各有2条极明显的淡色宽纵带，上方1条深红褐色，下方1条黄白色、黄色、褐色或近红褐色。两纵带边缘均有灰白色细线。

**蛹**（图23-6）黄褐色至红褐色，长19～23毫米。腹部第五至七节背面前缘有1列横排齿状刻点，齿尖向下。腹端具尾刺3对，中间1对粗大，两侧的细小，略弯曲。蛹体在发育过程中复眼和体色逐渐加深。雌蛾生殖孔位于腹部第八节腹面；雄蛹生殖孔位于腹部第九节腹面。

图23-5 黏虫幼虫

图23-6 黏虫蛹

[**发生规律**] 黏虫抗寒能力较低，在北纬33°以北不能越冬。成虫具有远距离迁飞习性，春季由南方向北方逐渐迁移为害，秋季又由北方迁飞回南方。根据黏虫越冬、迁飞为害规律可将其划分为4个主要发生区。①越冬代发生区，主要位于广东、广西、云南、福建、贵州西南及东南的部分地区，2—4月羽化后陆续迁往一代发生区。②一代发生区，位于上海、浙江、江苏、安徽、河南及山东南部地区。3—4月为害小麦，5月中旬至6月初羽化，迁往二代发生区。③二代发生区，位于辽宁、吉林、黑龙江、内蒙古、河北、山西、山东半岛及京津一带，还有西北的陕西、甘肃、宁夏，西南的云南、贵州、四川等地。6—7月为害谷子、玉米、小麦、高粱等

禾本科作物。7月上、中旬羽化迁往三代发生区为害。④三代发生区，位于河北中南部、山西、山东及京津一带，有的年份可扩展至苏北部分地区，幼虫8月为害春谷、夏谷、玉米和高粱等作物。8月底至9月上、中旬羽化，陆续回迁至华南越冬代发生区为害。根据黏虫迁飞习性，在我国主要谷子产区，6—7月以二代黏虫在辽宁、吉林、黑龙江、内蒙古、河北、山西及西北各省的春谷区为害，7月中、下旬至8月上旬羽化，并迁往夏谷区。8月中、下旬以三代黏虫在河北中南部、山西、山东及京津一带夏谷区为害。

黏虫成虫有昼伏夜出习性，对灯光、糖醋液有较强趋性。雌虫产卵趋向谷子黄枯叶片（包括白发病株和钻心虫蛀茎造成的枯心株等）和叶尖，形成纵卷条状卵块，每个卵块20～40粒，多者达200～300粒，单雌一生可产卵1 000～2 000粒。黏虫喜好潮湿气候，相对湿度75%以上，温度23～30℃有利于成虫产卵和幼虫存活。幼虫有6个龄期。一至二龄幼虫多隐藏在谷子心叶，取食叶肉，残留表皮。三龄后被咬食叶片呈不规则缺刻，虫口密度大时能将叶片吃成仅剩叶脉。四龄后幼虫具假死性并进入暴食阶段，大发生时若食料不足有群集转移为害习性。老熟后停止取食，爬入3～4厘米深的土层做土茧化蛹。

[调查要点] 春谷区在6—7月，夏谷区在8月中、下旬，注意查看田间是否有幼虫迁入为害，在三龄前及时防治。

[防治技术]

（1）物理防治：干草把诱杀成虫，成虫发生期在田间插草把，大草把（直径5厘米）每隔10米插一把，每天早晨捕杀潜伏在草把中的成虫。小草把为3～4根一把，间距3～5米插一把，3天后取回，用开水浸泡杀卵后晒干再用或直接换下销毁。糖醋液诱杀成虫，糖醋液按照红糖1.5份，食用醋2份，白酒0.5份，水1份配制，再加1%的杀虫剂，5～7亩放一盆，盆高出冠层30厘米，糖醋液深4～5厘米。

（2）**熏蒸防治**：80%敌敌畏乳油300毫升加水2升，均匀喷洒在7～10千克锯末、麦糠或20千克细土上，拌匀后行间撒施。

（3）**化学防治**：于幼虫三龄盛期前防治。可用200克/升氯虫苯甲酰胺悬浮剂10～15毫升/亩、25%灭幼脲悬浮剂30～40毫升/亩、20%除虫脲悬浮剂20～25毫升/亩、5%高效氯氟氰菊酯水乳剂30～40毫升/亩或20%氰戊菊酯乳油10～25毫升/亩等，全田喷雾。

## 24.棉铃虫

棉铃虫（*Helicoverpa armigera*）属鳞翅目夜蛾科，各谷子产区均有为害。以幼虫在苗期啃食叶片，仅留下表皮或造成孔洞，抽穗后咬食灌浆籽粒，造成减产。

[形态特征]

**成虫**（图24-1）　体长14～18毫米，翅展30～38毫米，雌虫黄褐色，雄虫灰绿色。前翅基线不清晰；内横线双线，褐色，锯齿形；环纹褐色，中央有1个褐点；肾纹褐色，中央有1个深褐色宽带；外缘各脉间有小黑点。后翅灰白色，沿外缘有黑褐色宽带，在宽带中央有2个相连白斑。

**卵**（图24-2）　直径0.5～0.8毫米，馒头形，从顶端向周围有12条纵隆线。初产时乳白色，孵化前深褐色。

**幼虫**（图24-3）　老熟幼虫体长40～50毫米，头部有不规则网状纹。体色有淡红、黄白、淡绿、绿、红褐色等，以绿色型和红褐色型常见。绿色型体绿色，背线和亚背线深绿色，气门线浅黄色，体表布满褐色或灰色小刺。红褐色型体红褐色或淡红色，背线和亚背线淡褐色，气门线白色，毛瘤黑色。

**蛹**（图24-4）　长17～21毫米，腹部第五至七节各节前缘密布环状刻点，末端具臀棘2个。

图24-1　棉铃虫成虫

图24-2　棉铃虫卵

图24-3　棉铃虫幼虫

图24-4　棉铃虫蛹

[**发生规律**]　辽宁、内蒙古、新疆1年发生2～3代，黄淮海地区1年发生4代。以蛹在土中越冬，春季气温达到15℃以上时蛹开始羽化。第一代幼虫为害春玉米、麦类、豌豆、苜蓿等，之后各代幼虫为害谷子、玉米、棉花、高粱等作物。成虫昼伏夜出，对黑光灯趋性强，有趋向半枯萎杨树枝的习性。卵散产于谷子心叶尖端，孵化后幼虫先取食卵壳，后为害谷子。苗期幼虫取食叶肉，仅留下表皮或形成孔洞（图24-5），抽穗后咬食灌浆籽粒造成减产（图24-6）。高温干旱年份发生重。

图24-5　棉铃虫为害叶片状

图24-6　棉铃虫幼虫啃食穗粒

[调查要点]　在谷子苗期和穗期调查产卵量和幼虫数量，虫量较大时应及时防治。

[防治技术]

（1）**农业防治**：秋收后进行土壤深翻和冬灌，能有效杀死土中越冬蛹，减少越冬虫源基数。

（2）**物理防治**：灯光诱杀成虫，在田间设置杀虫灯，每30～50亩放置1盏。用杨树枝把诱杀成虫，在田间放置半枯萎的杨树枝把，每6～8枝扎成一把，把高2米左右，于傍晚前后插入谷田，每亩插10～15把，每天清晨捕杀潜伏其中的成虫。

（3）**生物防治**：在成虫产卵盛期释放人工繁殖的赤眼蜂，能有效控制幼虫数量。在低龄幼虫期可喷施8 000国际单位/微升苏云金杆菌悬浮剂400～500毫升/亩、20亿PIB/毫升*棉铃虫核型多角体病毒悬浮剂50～60毫升/亩。还可用人工合成的棉铃虫性信息素诱芯诱杀雄蛾。

（4）**化学防治**：最佳时期是在幼虫三龄前，可用200克/升氯虫苯甲酰胺悬浮剂6～12毫升/亩、10%溴氰虫酰胺可分散油悬浮剂20～25毫升/亩、50克/升虱螨脲乳油50～60毫升/亩、5%高效氯氟氰菊酯水乳剂30～50毫升/亩、15%茚虫威悬浮剂10～20

---

　　* 　PIB/毫升指的是每毫升样品中含有的多角体病毒总数。——编者注

毫升/亩或480克/升多杀霉素悬浮剂5～6毫升/亩等喷雾防治。

## ▌25.粟芒蝇

粟芒蝇（*Atherigona biseta*）又称双毛芒蝇、粟秆蝇、谷蛆等，属双翅目蝇科。主要分布在我国东北、西北、华北等谷子产区。除为害谷子外，亦为害狗尾草、谷莠子等狗尾草属植物。以幼虫在谷子苗期至抽穗前蛀茎为害，破坏植株生长点，造成枯心苗、畸形穗和白穗等症状，发生严重时可导致毁种。

[形态特征]

**成虫**（图25-1） 体长3.0～4.5毫米。头部间额黑色，眼周围有带银白色的环，下颚须黑色，略上弯。胸部背板有3条暗色纵条。翅透明，腋瓣白色，平衡棒黄色。前足股节大部黑色，前足胫节黑色，中后足黄色，各足跗节黑色。腹部近圆锥形，暗黄色。雄蝇第一、二腹节背板有1对不明显的暗斑，第三腹节背板有1对三角形大黑斑，第四腹节有1对小圆形黑斑，腹部末端背面可见三分叉的尾节突起，正中突与侧突大小相仿。肛尾叶的三叶突中叶菱形，顶端有U形缺刻，上无针刺。雌蝇第三、四两背板各有1对略呈长方形或梯形的暗色侧斑，第五背板上有1对暗色小圆点斑。

**卵**（图25-2） 乳白色，长约1.65毫米，腹面呈缓弧形，有纵

图25-1 粟芒蝇成虫（左：雄虫；右：雌虫）

棱，前端略钝平，后端圆钝。

**幼虫**（图25-3）　老熟幼虫体长4.5～6.2毫米，蛆形，初孵化时透明无色，老熟时橘黄色或淡黄色，微带绿色，口钩黑色，尾端钝圆，有2个黑色气门突。

图25-2　粟芒蝇卵

图25-3　粟芒蝇幼虫

**蛹**（图25-4）　长4.2～6.0毫米，褐色，长圆柱形，前端略钝平，尾端稍圆，上有气门突痕迹。

图25-4　粟芒蝇蛹

**［发生规律］**　粟芒蝇在我国北方1年发生1～3代，以老熟幼虫在土中越冬。在一年一作的春谷区，第一代为害谷苗主茎，第二代为害分蘖及未抽穗茎，第二代老熟幼虫除少数在8月间化蛹羽化外，大多数入土越冬；春谷区以二代为害为主，7月上、中旬为防治关键期。在春、夏谷混作区或夏谷区1年发生3代，第一代为害春谷或狗尾草，第二、三代为害夏谷，第三代老熟幼虫在8月底至9月离株入土越冬；该区以二、三代为害为主，6月底至7月初为二代防治关键期，7月下旬为三代防治关键期。成虫对腐败

鱼腥气味有很强的趋性，喜于早晨和傍晚取食和交尾。卵单产，卵期3～4天，幼虫孵化后爬入谷心咬食嫩心，造成螺旋状食痕，导致心叶萎蔫，干枯扭曲，形成炮捻状枯心苗（图25-5），枯心内部多腐烂。后期侵入亦可造成畸形穗（图25-6）和白穗（图25-7）。

图25-5　粟芒蝇为害造成的枯心苗

图25-6　粟芒蝇为害造成的畸形穗

图25-7　粟芒蝇为害造成的白穗

粟芒蝇发生程度与湿度密切相关，6—8月多雨年份，发生为害重。低洼地、水渍地发生重。无论春播谷还是夏播谷，一般都表现为早播轻，晚播重。

[调查要点]　在谷子苗期至抽穗前，尤其在夏季多雨时，注意剥查田间无蛀孔的枯心苗，当被害率达1%时应及时防治。

[防治方法]

（1）农业防治：选用抗虫品种。适当早播，避免间、混、套作。加强田间管理，促进谷苗健壮生长。使用充分腐熟的粪肥作底肥，清除田间和周边的禾本科杂草，精细整地，不使用污水灌溉。

（2）**种子处理：**可用600克/升吡虫啉悬浮种衣剂或70%噻虫嗪可分散粉剂，按种子重量的0.3%拌种。

（3）**腐鱼诱杀：**播种后，每亩放置3～5个腐鱼诱蝇器，内置腐鱼0.5～1.0千克，盆底留水2～3厘米，并在腐鱼表面喷洒5%高效氯氟氰菊酯水乳剂1毫升。注意及时补充水分和药剂。

（4）**药剂防治：**发现被害枯心苗后，可用5%高效氯氟氰菊酯水乳剂30毫升/亩、2.5%溴氰菊酯微乳剂15～20毫升/亩、20%氰戊菊酯乳油10～25毫升/亩、70%吡虫啉水分散粒剂2～4克/亩或25%噻虫嗪水分散粒剂4～6克/亩，重点针对茎秆喷雾。

## 26.黑麦秆蝇

黑麦秆蝇（*Oscinella pusilla*）属双翅目秆蝇科。该虫在华北地区除为害谷子外，还为害玉米、高粱、小麦、大麦、黑麦、燕麦等禾本科作物。以幼虫为害谷子心叶，造成枯心苗、烂心和各种畸形株，导致减产。

[形态特征]

**成虫**（图26-1）　雄蝇体长1.3～2.0毫米，前翅长1.3～1.9毫米；雌蝇体长2.1～2.7毫米，前翅长2.0～2.1毫米。头部黑色，被灰白粉；颜凹，黑色；额三角区亮黑色，光滑；单眼瘤亮黑褐色；颊黑色，几乎与触角第三节等宽，髭角钝圆；后头区黑色；唇基黑色；头部的毛和鬃黑色。触角黑色，无粉，端圆；触角芒黑色，被黑色短毛。喙和须黑色，被黑色毛。胸部黑色，被灰白粉；胸部鬃毛黑色。中胸背板密被黑色短毛，胸侧亮黑色，无粉。后背片黑色。小盾片黑色，被灰白粉。足腿节黑色，但端部有少许黄色；胫节、跗节黄色，但后足胫节中部黑色，第三至五跗节黑褐色至黑色；除跗节被有一些黄褐色毛外，足上毛黑色；后足胫节有长圆形的胫节器。翅透明，翅脉褐色；R-M脉位于距中室基部2/3处。平衡棒黄色。腹部黑色，腹面黄色，被灰白粉，毛为黑色。雄虫腹部末端第九背片黑色，背针突黑色，较长，内弯；下生殖板黑色，侧视宽；尾须黑褐色。雌虫腹部末端第九背板近三角形，端部圆，有1对长毛；第九腹板周围有一圈毛，黑色；尾须黑色，较长。

**卵**（图26-2） 乳白色，长椭圆形，长约0.7毫米，稍弯，一端较尖，表面有纵脊。

图26-1 黑麦秆蝇成虫

图26-2 黑麦秆蝇卵

**幼虫**（图26-3） 蛆状，共分3龄，初孵幼虫（一龄幼虫）体白色透明，但口钩为黑色。老熟幼虫（三龄幼虫）黄白色，体长约4.5毫米，前端有不明显的扇状前气门，后端有1对短圆柱形的后气门突。

**蛹**（图26-4） 黄褐色，长约3毫米，前端有4个乳状突起，后端有2个圆柱形突起。

[**发生规律**] 在华北及黄淮海地区1年发生5～6代，以幼虫在冬小麦和禾本科杂草茎基部越冬，翌年早春随气温上升幼虫化蛹、羽化。第一代继续为害小麦，第二代为害小麦无效分蘖和春玉米，三代、四代为害谷子、夏玉米、高粱、自生麦苗及禾本科杂草等，第五代黑麦秆蝇转移到秋播小麦和杂草上为害并越冬。黑麦秆蝇成虫将卵散产在谷子幼苗茎基部叶鞘和心叶内外，卵期2～4天。

图26-3　黑麦秆蝇幼虫

图26-4　黑麦秆蝇蛹

幼虫孵化后转移到谷子心叶，并钻蛀生长锥，造成被害处粘连或腐烂，被害株表现枯心、环形株等各种畸形症状（图26-5）。夏季高温、多雨、湿度大有利于黑麦秆蝇发生。

[调查要点]　谷子苗期至抽穗前，剥查枯心苗或环形粘连株，当被害株率达到1%时应及时防治。

[防治技术]

（1）农业防治：选用抗虫

图26-5　黑麦秆蝇田间为害状

品种，适当晚播并晚定苗，拔除被害株带出田外销毁。使用充分腐熟的粪肥作底肥，清除田间和周边的禾本科杂草，精细整地，不使用污水灌溉。

（2）种子处理：可用600克/升吡虫啉悬浮种衣剂或70%噻虫嗪种子处理可分散粉剂，按种子量的0.3%拌种。

（3）腐鱼诱杀：播种后，每亩放置3～5个腐鱼诱蝇器。内置腐鱼0.5～1.0千克，盆底留水2～3厘米，并在腐鱼表面喷洒5%

高效氯氟氰菊酯水乳剂1毫升。注意及时补充水分和药剂。

（4）**药剂防治：**可用5%高效氯氟氰菊酯水乳剂30毫升/亩、2.5%溴氰菊酯微乳剂15～20毫升/亩、20%氰戊菊酯乳油10～25毫升/亩、70%吡虫啉水分散粒剂2～4克/亩或25%噻虫嗪水分散粒剂4～6克/亩，重点针对茎秆喷雾。

## 27.叶螨

叶螨俗称红蜘蛛，属真螨目叶螨科。为害谷子的种类主要有朱砂叶螨（*Tetrangchus cinnabarinus*）（图27-1）、二斑叶螨（*Tetrangchus urticae*）（图27-2）、截形叶螨（*Tetrangchus truncatus*）（图27-3、图27-4）。三种叶螨在我国谷子产区均有发生，以成

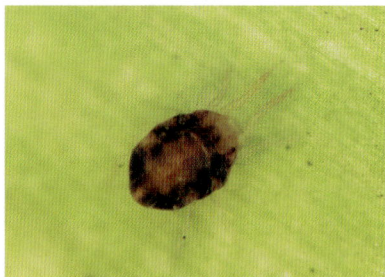

图27-1　朱砂叶螨

图27-2　二斑叶螨

图27-3　截形叶螨

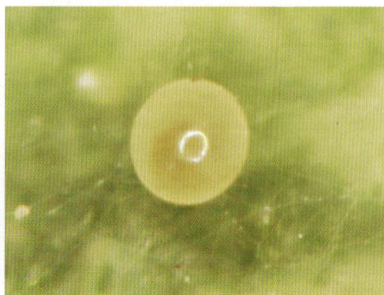

图27-4　叶螨卵

蟎和若蟎刺吸谷子叶片的汁液，在叶片正面造成小的褪绿白斑（图27-5），背面形成白色丝状物，其上有害蟎及排泄物，严重的可导致叶片枯死。

图27-5　叶蟎为害造成褪绿白斑

[形态特征]　三种叶蟎的形态特征如表27-1所示。

表27-1　三种叶蟎形态特征介绍

| 虫态 | | 特征 | 朱砂叶蟎 | 二斑叶蟎 | 截形叶蟎 |
|---|---|---|---|---|---|
| 成蟎 | 体长 | ♀（毫米） | 0.42~0.53 | 0.42~0.51 | 0.51~0.56 |
| | | ♂（毫米） | 0.38~0.42 | 0.26 | 0.44~0.48 |
| | 体色 | | 深红色或锈红色 | 浅黄色或黄绿色，滞育型橘红色 | 雌蟎深红色或锈红色，雄蟎黄色 |
| | 纹突 | | 三角形，宽小于高 | 半圆形，宽大于高 | 半圆形，宽大于高 |
| | 阳茎 | | 端锤较大，背缘呈钝角，远侧突较尖锐，近侧突较圆 | 端锤较大，背缘呈弧形，两侧突较尖锐 | 短粗，端锤较小，背缘平截，远侧突尖锐，近侧突钝圆 |
| 卵 | | | 球形，初产时无色透明，后渐变为橙红色 | 球形，初产为乳白色，渐变橙黄色 | 球形，初产时半透明，后颜色渐深，近孵化时红棕色 |
| 幼蟎 | | | 体近圆形，淡红色，足3对 | 初孵时近圆形，白色，取食后变暗绿色，足3对 | 刚孵出的幼蟎呈黄白色，取食后体色呈黄绿色，足3对 |

（续）

| 虫态 | 特征 | 朱砂叶螨 | 二斑叶螨 | 截形叶螨 |
|------|------|----------|----------|----------|
| 若螨 | | 略呈椭圆形，体色较深，体侧出现较深斑块，足4对 | 近卵圆形，色变深，体背出现色斑，足4对 | 体色黄绿或微橘红色，足4对 |

[发生规律]　谷子叶螨在我国北方1年发生10～15代。以雌成螨在作物和杂草根际或土缝里越冬。谷子叶螨耐寒力强，经过−26℃的低温气候，仍能复苏活动。翌年早春，当5日平均气温达3℃左右时，越冬叶螨开始活动，寻找绿色寄主取食，当5日平均气温达7℃以上时，越冬雌螨开始产卵，5日平均气温达12℃以上，第一代卵开始孵化。谷子出苗后，雌螨借风吹、爬行转入谷田为害。一般先在下部叶片背面取食活动，在叶片上呈聚集分布，且为害部有丝状物，然后逐渐由下部叶片向上部蔓延，在株间通过吐丝随风垂飘水平扩散，在田间呈点片分布。叶螨发生适宜温度为22～28℃，6—7月干旱少雨利于叶螨发生，有世代重叠现象。

[调查要点]　6—7月查看谷子叶片上有无褪绿的白斑，并调查叶螨发生数量和谷子受害程度，当被害株率达到10%时进行防治。

[防治技术]

（1）农业防治：清除田间、地边、沟渠杂草，深翻土地，将表土层越冬成螨翻入深层致死，有灌溉条件的实行冬灌或春浇，减少越冬虫源。

（2）药剂防治：可用30%乙唑螨腈悬浮剂5～10毫升/亩、1.8%阿维菌素乳油30～40毫升/亩、15%哒螨灵乳油40～60克/亩、240克/升螺螨酯悬浮剂10～15毫升/亩、20%乙螨唑悬浮剂8～11毫升/亩或73%炔螨特乳油25～35毫升/亩等，着重针对下部叶片背面喷雾。

## 28.玉米蚜

玉米蚜（*Rhopalosiphum maidis*）属同翅目蚜科。全国各地均有发生，除谷子外，还为害玉米、高粱、麦类、水稻、黍等作物和多种禾本科杂草。通过成、若蚜刺吸汁液为害谷子叶片和谷穗。苗期蚜虫主要群集于心叶为害（图28-1），可使植株生长停滞，影响抽穗，同时还会传播谷子红叶病。

图28-1 玉米蚜为害心叶

[形态特征] 有翅孤雌胎生蚜（图28-2）体长1.6～1.8毫米，翅展约5.6毫米。头、胸黑色发亮。腹部黄绿色或墨绿色，第三、四、五节两侧各有1个黑色小点。触角6节，黑色，长约1.2毫米，较体短，第三节上有小圆次生感觉圈12～19个，呈不规则排列，第四节有次生感觉圈1～5个，第五节除有1个原生感觉圈外，还有次生感觉圈0～2个。复眼红褐色，中额瘤及额瘤稍隆起。翅透明，中脉三叉。足黑色，腿节和胫节末端色较淡。腹管长圆筒形，端部收缩，上具覆瓦状纹。尾片圆锥形，中部微收缩，有毛4～5根。腹管与尾片均为黑色。

无翅孤雌胎生蚜（图28-3）体长1.8～2.2毫米，淡绿色或墨绿色，附肢黑色，薄被白粉。复眼红褐色，触角6节，长0.6～0.7毫米，约为体长的1/3，第三、四、五各节无次生感觉圈。腹管长圆筒形，上具覆瓦状纹，基部周围有黑色晕纹。尾片圆锥形，中部微收缩。

图28-2　玉米蚜有翅蚜

图28-3　玉米蚜无翅蚜

[发生规律]　玉米蚜在华北1年发生20代。以成、若蚜在大麦、小麦和禾本科杂草的心叶中越冬。翌年3—4月开始活动为害，麦类黄熟后产生有翅蚜，迁往谷子、玉米等作物上为害。秋季产生有翅蚜，迁往小麦和其他禾本科杂草上越冬。玉米蚜终生孤雌生殖，高温干旱年份发生多、虫口增长快。谷子生长中后期旬平均温度23～25℃、旬降水量低于20毫米易猖獗为害。玉米蚜多群集于叶鞘或叶片背面近叶腋部吸食叶片汁液，造成点片状褐斑（图28-4），并产生蜜露和煤污（图28-5），影响植株光合作用，严重发生可导致叶片枯死。拔节期在心叶为害，可导致心叶不能展开，叶片畸形、坏死（图28-6），严重发生可影响植株生长，造成谷子不能抽穗或抽穗后因蜜露影响开花授粉出现秕粒（图28-7），千粒重

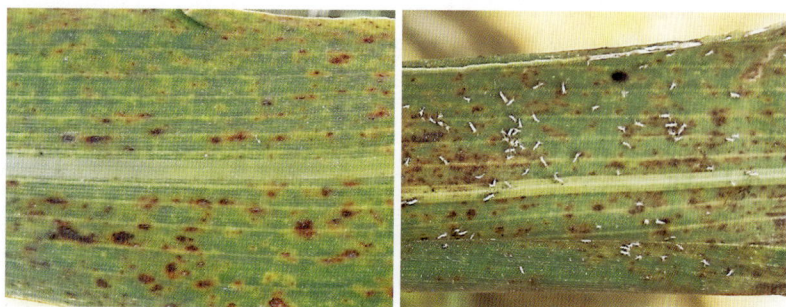

图28-4　玉米蚜为害叶片造成点片状褐斑

图28-5　玉米蚜产生的蜜露和煤污

图28-6　玉米蚜拔节期为害造成心叶扭曲或腐烂

下降，大面积减产。同时玉米蚜也是谷子红叶病病毒的主要传播介体，玉米蚜发生重，田间红叶病也相对较重。

[调查要点]　谷子苗期至穗期调查田间蚜虫量，虫株率达到10%，或者百株虫量达到500头时进行防治。

[防治技术]

（1）农业防治：选种抗蚜品种，结合中耕，清除田间、

图28-7　玉米蚜为害穗部影响结实

沟边杂草，消灭蚜虫滋生地，减少虫量。

（2）**种子处理**：可用600克/升吡虫啉悬浮种衣剂或70%噻虫嗪种子处理可分散粉剂，按种子量的0.3%拌种，晾干后播种。

（3）**药剂防治**：可用50%氟啶虫酰胺水分散粒剂6～10克/亩、20%啶虫脒可溶粉剂6～12克/亩、20%呋虫胺悬浮剂25～30克/亩、5%高效氯氟氰菊酯水乳剂20～25毫升/亩、1.8%阿维菌素乳油30～40毫升/亩、70%吡虫啉水分散粒剂2～4克/亩或25%噻虫嗪水分散粒剂4～6克/亩等进行喷雾。

## 29.大青叶蝉

大青叶蝉（*Tettigella viridis*）属同翅目叶蝉科，全国各地均有发生，是一种杂食性害虫。寄主植物包括果树、林木和农作物等多达160余种。以成、若虫刺吸谷子茎叶汁液为害，被害叶面呈现褪绿白斑（图29-1），叶尖枯卷。幼苗受害严重时，叶片发黄卷曲，甚至枯死。

[形态特征]

**成虫**（图29-2） 体长7.1～10.1毫米，青绿色。头冠部淡黄绿色，前部左右各有1组淡褐色弯曲横纹，此横纹与前下方后唇基

图29-1 大青叶蝉刺吸叶片造成褪绿白斑

图29-2 大青叶蝉成虫

横纹相接。两单眼间有1对多边形黑斑。前胸后2/3深绿色，前1/3黄绿色。小盾片三角形，黄色。前翅绿色，微带蓝色，末端灰白色，透明，翅脉青黄色；后翅烟黑色，半透明。腹部背面黑色，两侧及末节橙黄色带烟黑色。足黄白色至橙黄色。

**卵**（图29-3）　长约1.6毫米，宽约0.4毫米，长椭圆形，一端尖，黄白色。

**若虫**（图29-4）　共5龄。初孵若虫灰白色，头大腹小。三龄后变黄绿色，胸、腹背面有4条褐色纵纹，具翅芽。

图29-3　大青叶蝉卵

图29-4　大青叶蝉若虫

[发生规律]　在我国北方1年发生3代。以卵在果树、林木枝干皮层下越冬，翌年3—4月孵化。初孵若虫喜群聚，之后渐分散。若虫期30～50天。5月下旬至7月越冬代成虫逐渐由越冬场所转移到大田作物为害和繁殖。8—9月主要为害谷子、玉米、高粱及蔬菜等作物。成虫喜群聚，具趋光性。成虫以锯齿状的尾部产卵器在谷子叶背主脉两侧或叶鞘垂直刺一长5～8毫米的产卵孔，然后把卵产在伤口组织内（图29-5），每个产卵处有卵5～12粒不等。产卵孔表面变为褐色。每头雌虫可产卵30～70粒。9月下旬至10月谷子成熟后，成虫转移到附近林木和果树枝干上产卵越冬。

[调查要点]　谷子生长期注意观察叶部有无该虫发生，当虫株

图29-5 大青叶蝉产卵于叶主脉两侧或叶鞘

率达5%，虫量较大时应及时进行防治。

[防治技术]

（1）**灯光诱杀**：在成虫盛发期利用杀虫灯诱杀成虫，每30～50亩1盏。

（2）**药剂防治**：成、若虫盛发期防治。可用70%吡虫啉水分散粒剂2～4克/亩、25%噻虫嗪水分散粒剂4～6克/亩或5%高效氯氟氰菊酯水乳剂30～40毫升/亩等，喷雾防治。

## 30.蝽类

蝽类害虫种类较多，均属半翅目，为害谷子的种类主要有缘蝽科的粟缘蝽（*Liorhyssus hyalinus*）（图30-1），蝽科的斑须蝽（*Dolycoris baccarum*）（图30-2），长蝽科的小长蝽（*Nysius ericae*）（图30-3），盲蝽科的甘薯跳盲蝽（*Halticus minutus*）（图30-4）、绿盲蝽（*Lygus pratcnsis*）（图30-5）和赤须盲蝽（*Trigonotylus ruficonis*）（图30-6）等。甘薯跳盲蝽主要在夏谷区为害，其余种类在全国谷子产区均有发生。蝽类害虫主要以成、若虫吸食籽粒汁液造成秕谷（图30-7），还会刺吸叶片形成黄白色斑点或条点状白色斑纹（图30-8）。

成虫

卵

初孵若虫

若虫

图30-1　粟缘蝽

成虫

若虫

图30-2　斑须蝽

成虫

若虫

图30-3　小长蝽成虫和若虫

图30-4　甘薯跳盲蝽

图30-5　绿盲蝽

成虫

卵

图30-6　赤须盲蝽成虫及卵

图30-7　蝽类害虫刺吸籽粒造成秕谷

[形态特征]　蝽类形态特征如表30-1所示。

表30-1　蝽类形态特征介绍

| 分类特征 | | 种类 | | | | | |
|---|---|---|---|---|---|---|---|
| | | 粟缘蝽 | 斑须蝽 | 小长蝽 | 赤须盲蝽 | 甘薯跳盲蝽 | 绿盲蝽 |
| 成虫 | 所属科目 | 缘蝽科 | 蝽科 | 长蝽科 | 盲蝽科 | 盲蝽科 | 盲蝽科 |
| | 体长（毫米） | 6.0~8.2 | 8.0~15.2 | 2.8~4.1 | 5.0~6.0 | 2.1 | 5.0 |
| | 体宽（毫米） | 1.8~2.8 | 5.5~6.5 | 0.9~2.0 | 1.0~1.5 | 1.1 | 2.5 |
| | 体形 | 窄椭圆形 | 椭圆形 | 长椭圆形 | 细长 | 椭圆形 | 椭圆形 |
| | 颜色 | 黄褐色、灰褐色、红褐色 | 黄褐色、紫色 | 黄褐色 | 淡绿色、鲜绿色 | 黑色 | 绿色 |
| 卵 | 体长（毫米） | 0.8 | 1.1 | 0.7~0.8 | 1.0 | 小于1.0 | 1.1 |
| | 形状 | 肾形 | 椭圆形 | 长椭圆形 | 口袋形 | 香蕉形 | 口袋形 |
| | 颜色 | 红色、暗红色 | 黄褐色至紫色 | 黄白色至橙红色 | 白色透明 | 浅绿色、桃红色 | 淡绿色 |
| 若虫 | 体长（毫米） | 4.7 | 7.0~9.0 | 3.2~3.5 | 5.0 | — | 3.1 |
| | 体形 | 长棱形 | 椭圆形 | 椭圆形 | 近似长方形 | 椭圆形 | 椭圆形 |
| | 颜色 | 暗棕褐色 | 黄褐色至暗灰色 | 淡红色 | 黄绿色 | 灰褐色 | 绿色 |

[发生规律] 粟缘蝽和斑须蝽在华北1年发生2～3代，以成虫在杂草根际、麦田、树皮缝隙等处越冬。翌年春季气温回升后，成虫开始活动，先为害杂草、小麦、蔬菜等作物。7—8月谷子抽穗后，逐渐转移到谷子穗部产卵为害，单雌产卵量20～60粒。粟缘蝽的卵

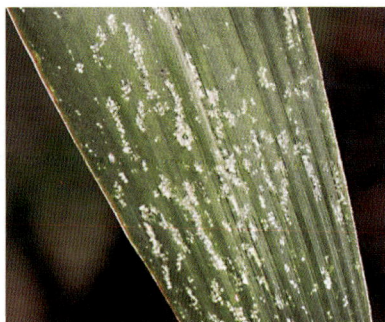

图30-8 蝽类害虫刺吸叶片造成的白色斑纹

为红色，散产，数粒至十多粒，排列不整齐，呈堆状；斑须蝽的卵排列整齐，呈块状，卵期3～5天，若虫历期10～15天。斑须蝽成虫较大，活动较慢；粟缘蝽个体较小，遇到惊扰迅速起飞。

小长蝽在江西一带1年发生5代。以成虫和部分高龄若虫在沙石堆中、枯枝落叶或土缝中越冬。翌年早春开始活动，先在杂草叶部取食，待杂草现蕾后即转到其花序上吸食并开始产卵。卵散生，单雌产卵量13～51粒。小长蝽成虫极活跃，喜欢飞翔，遇惊即逃逸。干旱、耕作粗放以及杂草丛生的地块小长蝽的发生重。

赤须盲蝽、绿盲蝽和甘薯跳盲蝽在华北1年发生3～4代，均以卵产在田间杂草、苜蓿、油菜和小麦茎、叶组织内越冬。翌年春季气温达10℃以上时，越冬卵孵化。第一代为害杂草和返青作物，然后逐渐转移到谷田为害繁殖。春季低温影响越冬卵的孵化时间，亦可造成初孵幼虫的死亡。夏季多雨有利于各种盲蝽的发生为害。

[调查要点] 谷子抽穗前后，调查谷子叶片和穗部蝽类害虫的种类、数量和为害程度，百株达到20头进行防治。

[防治技术]

（1）农业防治：深翻土地，清除田间农作物残株落叶和地头、地埂的杂草，集中销毁，破坏蝽类害虫越冬场所，减少越冬虫源。

（2）**药剂防治**：用22%氟啶虫胺腈悬浮剂40 ～ 60毫升/亩、70%吡虫啉水分散粒剂2 ～ 4克/亩、25%噻虫嗪水分散粒剂4 ～ 6克/亩、5%高效氯氟氰菊酯水乳剂30 ～ 40毫升/亩、20%氰戊菊酯乳油10 ～ 25毫升/亩或20%啶虫脒可溶粉剂6 ～ 12克/亩等全田喷雾，着重喷施植株上部及穗部，同时也要兼顾田块周边杂草上的害虫。

## 31. 东亚飞蝗

东亚飞蝗（*Locusta migratoria manilensis*）属直翅目蝗科，为迁飞性、杂食性害虫。我国多数地区都有发生，其中黄河、淮河、海河流域，渤海湾及黄河入海口的盐碱滩涂和一些水位涨落不定的湖泊、水库、河道和内涝洼地发生严重。以成虫和蝗蝻咬食谷子叶片为害（图31 1），发生严重时可造成绝产（图31-2）。

图31-1 东亚飞蝗蝗蝻和成虫啃食叶片

[形态特征]

**成虫** 雄成虫体长33.5 ～ 41.5毫米，前翅长32 ～ 46毫米；雌成虫体长39.5 ～ 51.5毫米，前翅长39 ～ 52毫米。东亚飞蝗头顶圆，颜面平直，口器位于头下方，为典型的咀嚼式口器。复眼较小，呈

图31-2 东亚飞蝗严重为害造成绝产

卵形。触角细长，呈丝状，26节。群居型飞蝗（图31-3）体黄褐色，雄虫在交配前体鲜黄色。前胸背板较短，前缘稍突出，后缘圆，前端中央隆起较低，后半部平，中部两侧向内显著凹入，呈马鞍形，沿中隆线两侧有黑色带纹。前翅狭长，有散生的暗黑色斑点，长度常超过腹端部较多。后翅膜状透明，呈淡黄色。后足股节外侧沿上缘部分色泽较深，内侧前半部黑色，后半部有1个黑斑。胫节淡黄色或淡红色。散居型飞蝗（图31-4）前胸背板向上突出，呈屋脊状。头部、胸部和后足股节常带绿色，有"青大头"之称，是散居型成虫与群居型成虫的主要区别。飞蝗经过一段时间群聚生活后，蝗蝻外形上会发生改变，最明显的就是体色加深。

图31-3 群居型飞蝗

图31-4 散居型飞蝗

**卵** 黄色或黄褐色，圆柱形，稍弯曲。长5.2～7.0毫米，宽1.1～1.8毫米。卵囊长筒形，长45～61毫米，中间略弯，上部略细，约1/3为无卵的海绵状泡沫，每个卵囊含卵60～90粒，多者120粒，呈4行斜向排列。

蝗蝻（图31-5）共分5个龄期，可根据触角节数及翅芽大小区分，见表31-1。

图31-5　东亚飞蝗蝗蝻

表31-1　东亚飞蝗蝗蝻形态介绍

| 龄期 | 一龄 | 二龄 | 三龄 | 四龄 | 五龄 |
|---|---|---|---|---|---|
| 体长（毫米） | 5～10 | 8～14 | 15～21 | 16～26 | 28～40 |
| 触角节数 | 13～17 | 18～19 | 20～21 | 22～23 | 24～25 |
| 翅芽 | 不明显 | 翅芽明显，翅尖向后斜伸 | 前翅芽狭长，后翅芽三角形，翅脉渐明显 | 翅芽黑色，覆盖腹部第二节，前翅芽狭长，后翅芽呈三角形，翅脉明显 | 翅芽大，覆盖腹部第四、五节 |

[发生规律]　飞蝗在黄河、淮河、海河至长江流域1年发生2～3代，多数2代。一代为夏蝗，二代为秋蝗。蝗卵在土中越冬，翌年春、夏季节孵化出蝗蝻，出土取食，经35～40天若虫发育为成虫，称为夏蝗。夏蝗交配产卵，繁殖的下一代称秋蝗。刚孵化的

幼蝻活动能力较弱，多集中在孵化场所附近取食，虫龄大后群集性迁移明显。群集迁移与阳光和温度有关，在28～37℃的晴天，蝗蝻朝着与太阳光线垂直的方向跳跃迁移。飞蝗成虫有结群迁飞习性，在发生基地种群数量超过一定程度后形成群居型，常群集向外迁飞，下落到农区造成灾害。传统蝗区受害重，耕作粗放的谷田受害较重，干旱年份有利于蝗虫繁衍，容易发生蝗灾。

[调查要点] 加强虫情调查，主要查蝗卵、蝗蝻数量，当每平方米蝗蝻数量达0.5头以上时及时防治。

[防治技术]

(1) 改造蝗区：采取各种措施，如兴修水利、疏通河道、排灌配套、稳定水位、开垦荒地，防止土地盐碱化，实施作物合理布局，改变蝗区生态条件，使蝗虫失去滋生基地，进行生态控制可减轻蝗虫发生为害。

(2) 生物防治：可用0.4亿孢子/毫升蝗虫微孢子虫悬浮剂65～80毫升/亩、20%杀蝗绿僵菌油悬浮剂35毫升/亩喷雾防治。

(3) 化学防治：在蝗蝻三龄盛期前防治。可用5%高效氯氟氰菊酯水乳剂30～50毫升/亩、2.5%溴氰菊酯微乳剂15～20毫升/亩、20%灭幼脲悬浮乳剂15～20毫升/亩或1%苦参碱可溶液剂30～50毫升/亩等药剂喷雾防治。

## 32.蟋蟀

蟋蟀，俗称蛐蛐、促织，属直翅目蟋蟀科，在国内普遍发生，是一种杂食性害虫。为害谷子的主要种类有北京油葫芦（*Gryllus mitratus*）（图32-1）、大扁头蟋（*Loxoblemmus doenitzi*）（图32-2）等，以成虫和若虫咬断幼苗基部（图32-3），造成缺苗断垄。

[形态特征]

**北京油葫芦** 雄虫体长22～24毫米，雌虫体长23～25毫米，

图 32-1 北京油葫芦

图 32-2 大扁头蟋

图 32-3 蟋蟀成虫和若虫咬断幼苗基部

体形较大，体黑褐色，头顶黑色，复眼四周及面部橙黄色，从头背观，两复眼内方的橙黄纹为"八"字形。前胸背板黑褐色，隐约可见1对羊角形深褐色斑纹。雄虫前翅黑褐色，具油光，长达尾端，发音镜近长方形，前缘脉近直线略弯，镜内1条弧形横脉将镜室一分为二，端网区较长，有数条纵脉与小横脉相间成小室；后翅发达，露出于后端如长尾。后足胫节背方具 5 ~ 6 对长刺，6 个端距，跗节3节。雌虫前翅长达腹端，后翅发达伸出腹端如长尾。产卵管长于后足股节。

**大扁头蟋** 雄虫体长 15 ~ 20 毫米，雌虫体长 16 ~ 20 毫米，体形中等，身体黑褐色。雄虫头顶明显向前突出，前缘弧形黑色，边缘后方有1条橙黄色或赤褐色横带。颜面扁平倾斜，中央有1个黄斑。前胸背板宽大于长。前翅长达腹端，发音镜四方形，内无横脉，有斜脉2或3条；后翅细长，伸出腹端似尾形，但常脱落，仅留痕迹。足黄褐色，散布黑褐色斑点。前足胫节内外均有听器。雌虫头不像雄虫那样向前，而是向两侧突出，仅头顶稍向前突出，面部倾斜。前翅不到尾端，在侧区亚前缘脉有2个分支及6条纵脉。产卵管短于腿节。

[发生规律]　蟋蟀在华北地区一般1年发生1代，以卵在土壤中越冬。若虫共6龄，4月下旬至6月上旬孵化出土，7—8月为大龄若虫发生盛期。8月初成虫开始出现，9月为发生盛期。10月中旬成虫开始死亡，个别成虫可存活到11月上、中旬。气象条件是影响蟋蟀发生的重要因素。一般4—5月雨水多，土壤湿度大，有利于若虫的孵化出土。5—8月降大雨或暴雨，不利于若虫的生存。

[调查要点]　苗期注意调查田间虫量，当每平方米蟋蟀数量达1头以上时及时防治。

[防治技术]

（1）诱杀：①毒饵诱杀。可选用50%辛硫磷乳油、90%杀虫单可湿性粉剂50 ～ 100克，加少量水稀释后拌炒香的麦麸或饼粉2 ～ 3千克，每亩撒施2千克；或每亩用50克上述农药加少量水稀释后拌新鲜菜叶或鲜草20 ～ 25千克，撒施于谷田。②堆草诱杀。蟋蟀若虫和成虫白天有明显的隐蔽习性，在田间或地头设置一定数量5 ～ 15厘米厚的草堆，可大量诱集若、成虫，集中捕杀。③灯光诱杀。利用蟋蟀成虫的趋光性，设置杀虫灯或黑光灯诱杀。

（2）化学防治：可用5%高效氯氟氰菊酯水乳剂30 ～ 50毫升/亩、2.5%溴氰菊酯微乳剂15 ～ 20毫升/亩、5%甲维盐水分散粒剂5 ～ 10克/亩或3.2%高氯·甲维盐微乳剂20 ～ 30毫升/亩等药剂喷雾防治。

## 33.褐足角胸肖叶甲

褐足角胸肖叶甲（*Basilepta fulvipes*）属鞘翅目肖叶甲科。在我国分布广泛，东北、华北、西北等谷子产区均有发生。除为害谷子外，也为害玉米、高粱、大豆、向日葵、大麻、甘草、萆草、香蕉、油茶以及园林植物等。主要以成虫啃食谷子叶肉，形成网状孔洞（图33-1），严重时吃光叶片仅留叶脉，影响产量。

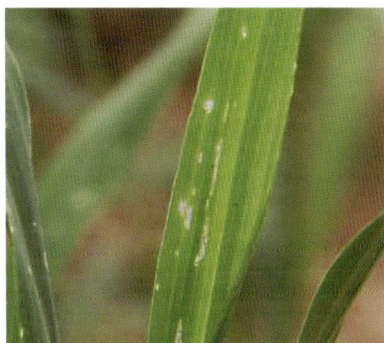

图33-1　褐足角胸肖叶甲啃食叶片造成孔洞

[形态特征]

**成虫**（图33-2）　体长3.0～5.5毫米，宽2.0～3.2毫米。体卵形或近方形，头、前胸和足棕红色。头部刻点密而深，头顶后方具纵皱纹。唇基前缘凹且深。触角丝状，雌虫触角长达体长一半，雄虫触角达体长2/3。触角11节，第一节粗大，棒状；第二节长椭圆形，较粗，稍短于第三节；基部一至五节的1/2处淡黄色，以上为

图33-2　褐足角胸肖叶甲成虫

黑色，节间色淡。前胸背板短宽，略呈六角形，两侧在基部之前或中部之后突出呈尖角；盘区密布深刻点，盘区刻点一般排列形成规则的纵行，基半部刻点大而深，端半部刻点细弱。小盾片盾形，光亮或具微细刻点。鞘翅颜色差异较大，有蓝色、绿色、棕黄色和棕红色等。鞘翅基部隆起，行距上无刻点或具细小的刻点，基部下面有1条横凹，肩胛下面有1条斜伸的短隆脊。

[发生规律]　河北地区1年1代，以幼虫在5～10厘米土层越冬。6月底始见成虫为害，7月中、下旬为成虫发生盛期，发生较重年份8月上旬仍有一定数量的成虫为害谷子叶片。褐足角胸叶甲在18～30℃时可正常生长发育，最适温度为22～26℃，整个生育期中幼虫在5～10厘米土层最多，蛹在0～10厘米土层最多，成虫在0～5厘米土层最多，在15～20厘米土层中没有蛹和成虫。成虫单个或群集为害，白天晚上均能活动取食，尤以晚上活动较多，多在傍晚集中于谷子中下部叶片或心叶活动为害，咬食叶片叶肉，仅留表皮，或形成筛网状孔洞。成虫能飞善跳，具假死性，受惊即从叶片上坠落，片刻之后又飞起。成虫无趋光性，喜欢在较阴暗、隐蔽的地方活动，如在心叶内为害。

[调查要点]　6—7月观察谷子叶部有无该虫活动，如发现有虫应及时防治。

[防治技术]

（1）农业防治：铲除田间地头、沟渠等处杂草，或喷施除草剂处理杂草。采取秋翻冬灌降低虫源基数，减轻为害。

（2）药剂防治：在成虫发生期防治，可用5%高效氯氟氰菊酯水乳剂30～50毫升/亩、2.5%溴氰菊酯微乳剂15～20毫升/亩或3.2%高氯·甲维盐微乳剂20～30毫升/亩等喷雾防治。

## 34.狗尾草角潜蝇

狗尾草角潜蝇（*Cerodontha setariae*）又称狗尾草禾潜蝇，属双翅目潜蝇科。各谷子产区均有发生。除为害谷子外，其寄主植物还有玉米、黍子、高粱、狗尾草、石茅等。以幼虫潜食叶肉，残留上、下表皮形成枯白色条状虫道（图34-1），影响光合作用。

图34-1　狗尾草角潜蝇为害造成的条带状虫道

### [形态特征]

**成虫（图34-2）** 体长1.8～2.1毫米，翅长1.8～2.0毫米。额黑色，略宽于眼，额长明显大于额宽，眶部为略微闪亮的棕黑色，眶部明显向腹侧渐宽，上眶鬃2对，向后，下眶鬃2对，向内。新月片黑褐色，高而窄。单眼三角区黑色，单眼三角区的尖端向腹面达第一上眶鬃。触角第一、二节黄色至黄褐色，第三节和触角芒棕黑色，触角第三节小而圆，长短于宽。颊长约为竖直眼高的1/8。中胸背板黑色，轻微闪亮，侧片基本黑色；中侧片上缘及翅基黄色；背中鬃3+0型，最后1对较长；中毛6～7列，小盾鬃2对。前翅缘脉达$M_{1+2}$脉；径中横脉位于近基部1/3处；$M_{3+4}$脉末端明显短于次末端。足股节基部1/2黑色，端部1/2黄色，足其他部分棕黑色。翅腋瓣和缘毛黄色；平衡棒黄色。腹部黑色且略微闪亮，每一腹节后缘黄色。

**卵** 长椭圆形，长约0.5毫米，乳白色。

**幼虫**（图34-3） 乳白色，长约2毫米，宽约0.75毫米，蛆形，体节明显。上颚每侧各具2个齿，后气门向背部方向突起，位于基部互相连接的瘤状物上，侧面各具1个长刺状突起、3个球状物。

图34-2 狗尾草角潜蝇成虫

图34-3 狗尾草角潜蝇幼虫

**蛹**（图34-4） 筒状，长约2毫米，宽约1毫米，化蛹初期为黄色，逐渐变为黄褐色，羽化前深褐色且发亮。

[发生规律] 该虫在华北地区1年发生4～5代，以蛹越冬。翌年春季羽化，5—6月以第一、二代为害早播春谷、黍子、玉米、高粱等作物，7—9月以第三至五代为害春播谷子、夏播

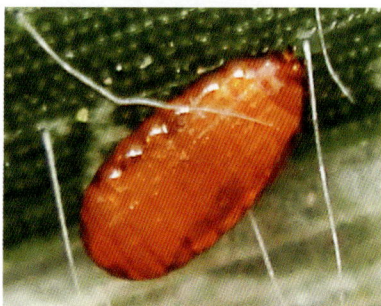

图34-4 狗尾草角潜蝇蛹

谷子、高粱、黍子等作物及狗尾草等禾本科杂草。一般多在叶片中下部组织中产卵。幼虫孵化后潜食叶肉，残留上、下表皮，形成枯白色、宽1～3毫米、与叶脉平行的条带状虫道。幼虫老熟后在被害处或爬出被害处落土化蛹和越冬。

[调查要点] 在谷子生长期观察叶部有无条带状枯白色虫道。

[防治技术]　在幼虫为害期防治。可用70％吡虫啉水分散粒剂2～4克/亩、25％噻虫嗪水分散粒剂4～6克/亩、30％灭蝇胺悬浮剂30～50克/亩或5％高效氯氟氰菊酯水乳剂30～40毫升/亩等药剂喷雾防治。

## 35.双斑长跗萤叶甲

双斑长跗萤叶甲（*Monolepta hieroglyphica*）属鞘翅目叶甲科（图35-1）。在我国北方谷子产区均有分布。除为害谷子外，还可为害玉米、高粱、豆类、棉花、甘蔗、苘麻、向日葵、马铃薯、胡萝卜、茼蒿及多种十字花科蔬菜。主要在谷子穗期为害灌浆谷粒，造成籽粒破损，影响产量和品质。

图35-1　双斑长跗萤叶甲

[形态特征]

**成虫**　体长3.6～4.8毫米，宽2.0～2.5毫米，长卵形，棕黄色。头和前胸背板色较深。触角丝状，11节，其中一至三节黄色，四至十一节黑褐色，触角为体长的2/3。复眼黑褐色。前胸背板宽大于长，表面隆起，密布细小刻点；小盾片黑色，呈三角形。鞘翅布满有线状细刻点，每个鞘翅基部具1个近圆形淡色斑，四周黑色，淡色斑外侧多不完全封闭，其后面黑色带纹向后突伸呈角状，有些个体黑带纹不清晰或消失，翅后端合为圆形。后足胫节端部具1个棕褐色长刺。

**卵**　椭圆形，长约0.6毫米，初产黄色，表面具网状纹。

**幼虫**　体长6～9毫米，白色至黄白色，体表具瘤和刚毛，前胸背板骨化，颜色较深，腹节末端具铲形骨化板。

**蛹** 长2.8～3.5毫米，宽约2.0毫米，白色，表面有刚毛。

[发生规律] 该虫在华北北部和东北南部1年发生1代，以卵在表土下越冬。翌年5月上、中旬孵化，幼虫孵出后在表土层为害作物和杂草的根。幼虫在土中生活30～40天，老熟后在土中做上室化蛹。6月下旬至7月上旬成虫始发，7月下旬至8月下旬成虫群集到谷子、玉米、高粱、棉花等作物上为害。早期为害可造成谷子小穗不育（图35-2），抽穗后，啃食正在灌浆的籽粒，造成籽粒破损（图35-3）。9月下旬粮食作物成熟后，成虫转移到菜田为害蔬菜等作物，并产卵于表土层。该虫干旱年份发生重，旱地重于水地。

图35-2 双斑长跗萤叶甲早期为害谷子造成小穗不育

图35-3 双斑长跗萤叶甲啃食穗粒

[调查要点]　在谷子抽穗前后，观察叶部和谷穗部是否有成虫为害。

[防治技术]

（1）**农业防治**：深翻土地，将表土层的卵耕翻到深层，消灭越冬虫源。清除田间杂草，消灭中间寄主植物。

（2）**人工防治**：在成虫发生期，于傍晚用捕虫网捕杀成虫。

（3）**药剂防治**：在成虫盛发期防治。可用5%高效氯氟氰菊酯水乳剂30～40毫升/亩、2.5%溴氰菊酯微乳剂15～20毫升/亩、70%吡虫啉水分散粒剂2～4克/亩或25%噻虫嗪水分散粒剂4～6克/亩等药剂喷雾防治。

# 三、谷田杂草

　　杂草对谷子生产的危害极大，是影响谷子产量的重要因素。我国谷田常见杂草有30多种，主要有谷莠子、马唐、牛筋草、稗、狗尾草、香附子、反枝苋、马齿苋、葎草、龙葵、铁苋菜、打碗花、田旋花、圆叶牵牛、萹蓄、藜、酸模叶蓼、苍耳、苘麻、荠菜、龙葵、苣荬菜、苦荬菜、刺儿菜、猪毛菜、问荆等。谷子产区主要以一年生禾本科杂草为害为主，其次是一年生阔叶杂草。谷田杂草的为害种类和数量常因地区、地势、土壤类型的不同而有所差异。东北及内蒙古春谷种植区，主要是稗、狗尾草，其次是藜、酸模叶蓼、苋、龙葵、苍耳、鸭跖草；华北和黄土高原的春谷、夏谷种植区，主要是马唐、牛筋草、狗尾草、稗、铁苋菜、藜、苋、马齿苋、龙葵，以及问荆、刺儿菜、苣荬菜等多年生杂草。谷子籽粒小、幼苗弱，易被杂草侵害，与其争夺肥水及光热资源，如果放任不管造成草荒或防除不当，会严重影响谷子的产量和品质。同时，杂草也是多种病虫害的寄主或栖息场所，是谷子病虫害的重要侵染来源。因此，防除杂草是提高谷田肥水利用率，减轻病虫为害，使谷子增产增收的必要措施。

## （一）谷田杂草种类

### 36.谷莠子 (*Setaria viridis* var. *major*)

　　禾本科狗尾草属。单子叶，一年生草本，种子繁殖，种子出土适宜深度为2 ~ 5厘米，土壤深层未发芽的种子可存活10年以上。种子经越冬休眠后萌发（图36-1、图36-2）。

图36-1　谷莠子苗期

图36-2　谷莠子成株期

## 37.狗尾草 (*Setaria viridis*)

禾本科狗尾草属。单子叶，一年生草本，种子繁殖，种子可借风、流水与粪肥传播，经越冬休眠后萌发（图37-1、图37-2）。

图37-1　狗尾草苗期

图37-2　狗尾草成株期

## 38.马唐 (*Digitaria sanguinalis*)

禾本科马唐属。单子叶，一年生草本，种子繁殖，种子边成熟边脱落，繁殖力强。下部茎节着地生根，常蔓延成片，防除难度大（图38-1、图38-2）。

图38-1 马唐苗期

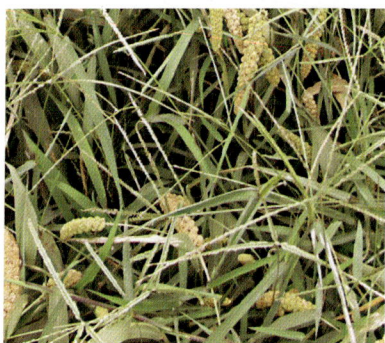

图38-2 马唐成株期

## 39.牛筋草 (*Eleusine indica*)

禾本科穆属。单子叶，一年生草本，种子繁殖，一般5月和9月各有一次出苗高峰（图39-1、图39-2）。

图39-1 牛筋草苗期

图39-2 牛筋草成株期

## 40.稗 (*Echinochloa crusgalli*)

禾本科稗属。单子叶，一年生草本，种子繁殖，种子逐渐成熟、依次脱落，极难清除（图40-1、图40-2）。

图40-1　稗苗期

图40-2　稗成株期

## 41.藜 (*Chenopodium album*)

藜科藜属。双子叶，一年生草本，种子繁殖。种子细小，数量极多，生命力强，易传播（图41-1、图41-2）。

图41-1　藜苗期

图41-2　藜成株期

## 42.小藜 (*Chenopodium serotinum*)

藜科藜属。双子叶，一年生草本，种子繁殖。一般1年2代，第一代3月出苗，第二代7—8月出苗（图42-1、图42-2）。

图42-1　小藜苗期

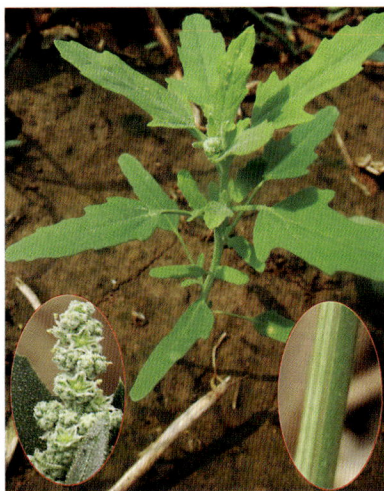

图42-2　小藜成株期

## 43.刺藜 (*Chenopodium arustatum*)

藜科藜属。双子叶，一年生草本，种子繁殖（图43-1、图43-2）。

图43-1　刺藜苗期

图43-2　刺藜成株期

## 44.猪毛菜 (*Salsola collina*)

藜科猪毛菜属。双子叶，一年生草本，种子繁殖。种子数量多，易散布（图44-1、图44-2）。

图44-1　猪毛菜苗期

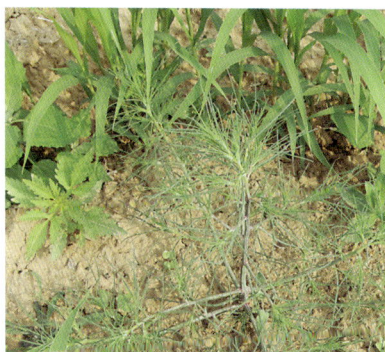

图44-2　猪毛菜成株期

## 45.反枝苋 (*Amaranthus retroflexus*)

苋科苋属。双子叶，一年生草本，种子繁殖。种子量极大，边成熟边脱落，细小易散布，防治难度大（图45-1、图45-2）。

图45-1　反枝苋苗期

图45-2　反枝苋成株期

## 46.凹头苋 (*Amaranthus lividus*)

苋科苋属。双子叶，一年生草本，种子繁殖。种子量极大，细小，易扩散（图46-1、图46-2）。

图46-1 凹头苋成株期

图46-2 凹头苋叶片

## 47.白苋 (*Amaranthus albus*)

苋科苋属。双子叶，一年生草本，种子繁殖（图47-1、图47-2）。

图47-1 白苋苗期

图47-2 白苋成株期

## 48.马齿苋 (*Portulaca oleracea*)

马齿苋科马齿苋属。双子叶，一年生草本，种子繁殖（图48-1、图48-2）。

图48-1　马齿苋苗期

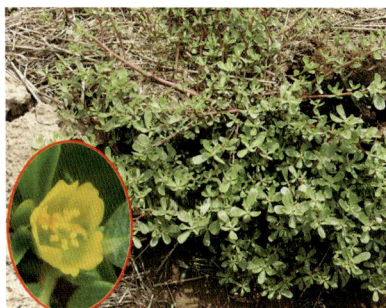

图48-2　马齿苋成株期

## 49.田旋花 (*Convolvulus arvensis*)

旋花科旋花属。双子叶，多年生草本，蔓性，以根茎和种子繁殖，田间以无性繁殖为主。地下盘根错节，地上缠绕拧股，可以覆盖整块地面。再生能力强，根茎质脆易断，每个带节的断体都能长出新的植株，蔓延迅速，防除难度大（图49-1、图49-2）。

图49-1　田旋花苗期

图49-2　田旋花成株期

## 50.打碗花 (*Calystegia hederacea*)

旋花科打碗花属。双子叶，一年生草本，蔓性。以根茎和种子繁殖，田间以无性繁殖为主。根茎质脆易断，每个带节的断体都能长出新的植株，蔓延速度快，多缠绕作物，成片生长，防除难度大（图50-1、图50-2）。

图50-1　打碗花苗期

图50-2　打碗花成株期

## 51.圆叶牵牛 (*Pharbitis purpurea*)

旋花科牵牛属。双子叶，一年生草本，蔓性，种子繁殖（图51-1、图51-2）。

图51-1　圆叶牵牛苗期

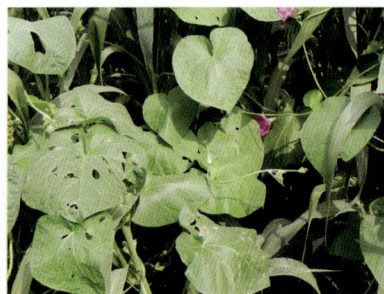

图51-2　圆叶牵牛成株期

## 52.荠菜（*Capsella bursa-pastoris*）

十字花科荠属。双子叶，一年生或越年生草本，种子繁殖。种子数量多，易传播，常成片为害（图52-1、图52-2）。

图52-1 荠菜苗期

图52-2 荠菜成株期

## 53.苣荬菜（*Sonchus brachyotus*）

菊科苦苣菜属。双子叶，多年生草本，以根茎和种子繁殖。根茎质脆易断，每个断体都能长出新的植株，耕作、除草可促进萌发。种子有冠毛，可随风飞散（图53-1、图53-2）。

图53-1 苣荬菜苗期

图53-2 苣荬菜成株期

## 54.山苦荬 (*Ixeris chinensis*)

菊科苦荬菜属。双子叶，多年生草本，以根芽和种子繁殖。种子有冠毛，可随风飞散（图54-1、图54-2）。

图54-1　山苦荬苗期

图54-2　山苦荬成株期

## 55.苦苣菜 (*Sonchus oleraceus*)

菊科苦苣菜属。双子叶，一年生或越年生草本，种子繁殖。种子有冠毛，可随风飞散（图55-1、图55-2）。

图55-1　苦苣菜苗期

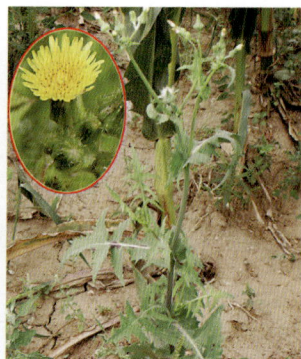

图55-2　苦苣菜成株期

## 56.泥胡菜 (*Hemistepta lyrata*)

菊科泥胡菜属。菊科，双子叶，一年生草本，种子繁殖（图56-1、图56-2）。

图56-1　泥胡菜苗期

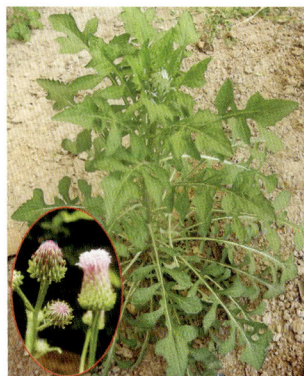

图56-2　泥胡菜成株期

## 57.苍耳 (*Xanthium sibiricum*)

菊科苍耳属。双子叶，一年生草本，种子繁殖（图57-1、图57-2）。

图57-1　苍耳苗期

图57-2　苍耳成株期

## 58.刺儿菜 (*Cephalanoplos segetum*)

菊科蓟属。双子叶，多年生草本，以根芽繁殖为主，也可种子繁殖。种子有冠毛，可随风飞散（图58-1、图58-2）。

图58-1 刺菜儿苗期

图58-2 刺菜儿成株期

## 59.龙葵 (*Solanum nigrum*)

茄科茄属。双子叶，一年生草本，种子繁殖（图59-1、图59-2）。

图59-1 龙葵苗期

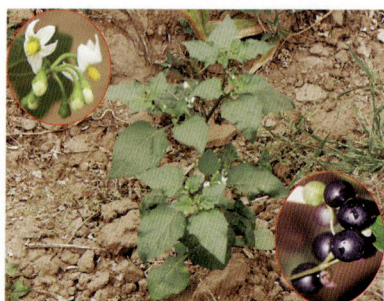

图59-2 龙葵成株期

## 60.酸模叶蓼 (*Polygonum lapathifolium*)

蓼科蓼属。双子叶，一年生草本，种子繁殖（图60-1、图60-2）。

 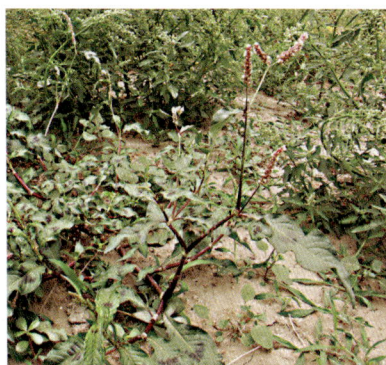

图60-1 酸模叶蓼苗期　　　　图60-2 酸模叶蓼成株期

## 61.萹蓄 (*Polygonum aviculare*)

蓼科蓼属。双子叶，一年生草本，种子繁殖（图61-1、图61-2）。

图61-1 萹蓄苗期　　　　图61-2 萹蓄成株期

## 62.地锦 (*Euphorbia humifusa*)

大戟科大戟属。双子叶，一年生草本，种子繁殖（图62-1、图62-2）。

图62-1 地锦苗期

图62-2 地锦成株期

## 63.铁苋菜 (*Acalypha australis*)

大戟科铁苋菜属。双子叶，一年生草本，种子繁殖。果实成熟后开裂，种子散落（图63-1、图63-2）。

图63-1 铁苋菜苗期

图63-2 铁苋菜成株期

## 64.苘麻 (*Abutilon theophrasxi*)

锦葵科苘麻属。双子叶，一年生草本，种子繁殖（图64-1、图64-2）。

图64-1　苘麻苗期

图64-2　苘麻成株期

## 65.葎草 (*Humulus scandens*)

桑科葎草属。双子叶，多年生草本，蔓性，种子繁殖。缠绕在植株上，影响作物生长及收获（图65-1、图65-2）。

图65-1　葎草苗期

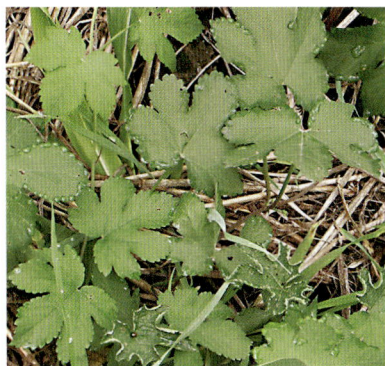

图65-2　葎草成株期

## 66.问荆 (*Equisetllm arvense*)

木贼科问荆属。双子叶，多年生草本。地上茎当年枯萎，以根茎繁殖为主。根茎发达，蔓延迅速，入土深，清除难度大（图66-1、图66-2）。

图66-1 问荆孢子茎

图66-2 问荆成株期

## 67.香附子 (*Cyperus rotundus*)

莎草科莎草属。单子叶，多年生草本，主要以块茎繁殖。繁殖快，生长迅速（图67-1、图67-2）。

## 68.鸭跖草 (*Commelina communis*)

鸭跖草科鸭跖草属。单子叶，一年生草本，种子繁殖或茎节繁殖。茎节着土后易生根，蔓延迅速（图68-1、图68-2）。

图67-1　香附子苗期

图67-2　香附了成株期

图68-1　鸭跖草苗期

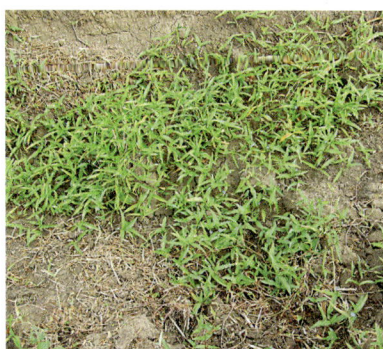

图68-2　鸭跖草成株期

## （二）谷田杂草防控技术

谷田除草主要有人工除草、机械除草和化学除草三种方式。人工除草包括手工拔除和使用简单农具除草（图69）。在传统种植模式中，人工除草是主要的除草方式，但费时、费力、效率低，存在除草不净、小草不断滋生、不能大面积及时防除等缺陷，目前仅用于小规模谷田或有机农田，或作为辅助手段夫除局部残存杂草。

图69　人工除草（上：人工拔草；下：农具除草）

　　机械除草是指使用畜力或机械动力牵引的除草机具，在苗期结合中耕进行翻耙和培土，以控制农田杂草的发生与为害，优点是工效高、劳动强度低，缺点是清除不彻底、苗间杂草难以清除。

　　化学除草是采用人力或机械在地面上喷施除草剂消灭杂草的技术。除草剂（herbicide）能使杂草彻底或选择性地发生枯死，或抑制杂草生长的一类物质。除草剂的主要发展方向是高效、低毒、广谱、低用量、对环境污染小且一次性处理、方便易行。化学除草剂的应用大大降低了谷田除草的劳动强度，提高了劳动效率，降低了生产成本。

　　种植常规谷子品种的谷田与种植抗除草剂品种的谷田在除草方式上差异较大，需要执行不同的耕作管理措施，尤其是在药剂种类及使用方法上需要严格注意、规范操作。

## 1.常规谷子品种田间除草技术

### （1）农艺措施除草

1）轮作倒茬：谷子对前茬作物要求不严格，大豆、玉米、高粱、小麦、薯类均可，轮作后能改变谷田杂草相，减少杂草发生量，达到减少草害的目的。但如果前茬作物使用过莠去津、烟嘧磺隆、氯嘧磺隆、氟乐灵等长残留除草剂，则不宜种植谷子。

2）深耕整地：该项措施可以改善土壤结构，减少病虫草害发生。播前耕翻，可以将发芽的杂草在播前整地时铲除，或深埋于地下使其死亡，从而减少田间杂草数量。秋收后耕翻，一般是在土壤含水量15%～20%时进行深耕，太干易形成干土块，太湿时则形成泥条，土壤不宜松散，耕翻深度一般为20～25厘米。冬季干旱时建议深耕后再旋耕，以减少来年春季土块。春季多耙耱保墒，播前进行浅中耕，根据墒情及时镇压，保证播种时的土壤墒情。

3）防止杂草种子进入谷田：可采用精选谷种、施用腐熟有机肥、清除地边杂草等方法，防止杂草种子进入田间。

4）地膜覆盖：地膜覆盖栽培是旱地农业的一项重要技术措施，防治杂草效果显著，尤其是黑色地膜，对抑制谷田杂草效果最好。

5）加强田间管理：精细整地、合理密植。在谷子生育期间及时除草，尤其要注意清除难识别的谷莠子（谷莠子茎秆扁且有棱，分蘖多），结合间苗、定苗及时拔除。在田间杂草种子成熟前及时铲除，可大大压低下一年度的杂草发生量。

### （2）播前除草：播种前，亩用10%草甘膦水剂500克或20%草铵膦水剂150毫升，兑水30～50千克，均匀喷施到地面和杂草上。若田间草籽较多，如麦茬地，可以先浇水，2～3天草籽出芽后再喷施。施药时要注意防止药雾飘移到非目标植物上造成药害。草甘

膦是一种非选择性、无残留、内吸传导灭生性除草剂，通过茎叶吸收后传导到植物各部位，可防除单子叶和双子叶、一年生和多年生、草本和灌木等40多科的杂草，草甘膦入土后很快与铁、铝等金属离子结合而失去活性。草胺膦是非选择性、无残留、半内吸或内吸很弱无传导的触杀灭生性除草剂，对部分耐受草甘膦的恶性杂草有效，且起效快。

(3) **播后苗前土壤封闭处理：**谷友（44%单嘧磺隆·扑灭津可湿性粉剂）又称谷草灵，由南开大学研发，为高效、低毒、内吸性的谷田选择性除草剂。可在播种当天或播后2天内施药，夏播谷田每亩用量100克，春播谷田每亩用量120克，兑水30～50千克在田间均匀喷雾（图70）。该除草剂对未出土杂草有封杀效果，对

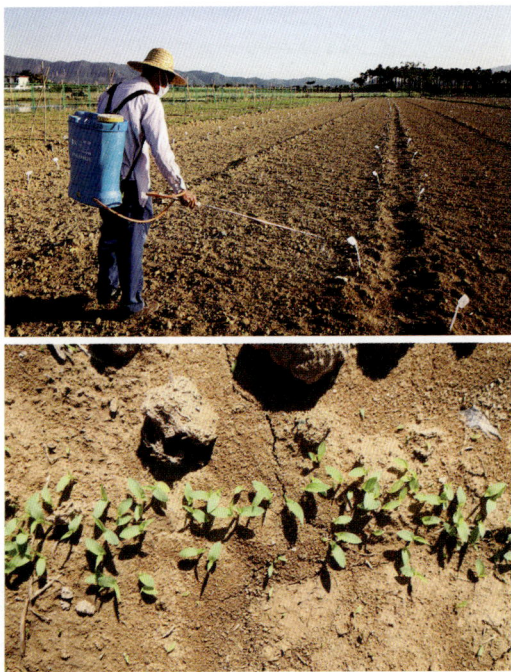

图70　谷子播后苗前喷施谷友除草（上：播后喷雾；下：除草效果）

已出土杂草有抑制作用，在墒情适宜、使用剂量合适的情况下，除草效果能够达到90%以上，药效保持45天以上，能有效控制谷田中常见的马唐、稗、狗尾草、牛筋草、马齿苋、反枝苋、藜等一年生杂草。缺点是对谷莠子无效，对双子叶杂草的防效高于单子叶杂草；并且在墒情不足（土壤干旱）的情况下，除草效果不好；而用量过大（超过120克/亩）或者出苗期降雨易产生药害，对谷苗生长产生较强的抑制作用，甚至导致死苗。如果夏播谷子前茬为小麦，最好收割后先灭茬或耕翻再播种谷子，贴茬播种会降低药效；药后勿破坏土层，否则也会影响药效。

（4）**苗后茎叶处理**：谷子出苗后，如果阔叶类杂草发生严重，可以使用以下除草剂进行防除。

1）氯氟吡氧乙酸异辛酯：氯氟吡氧乙酸异辛酯含量288克/升，一般每亩用20%乳油40～50克，兑水30～40千克。药液中加入喷药量0.2%的非离子表面活性剂可提高药效。于谷子4～5叶期、杂草2～5叶期全田喷雾；谷子6叶后建议行间喷雾，不要打到谷子心叶内。氯氟吡氧乙酸异辛酯是美国陶氏益农公司开发生产的有机杂环类选择性内吸传导型苗后茎叶处理除草剂，适用于防除小麦、大麦、玉米等禾本科作物田中各种阔叶杂草，现已国产化，施药后很快被杂草吸收，使敏感植物出现典型激素类除草剂的反应并传导到全株各部位，使植株畸形、扭曲，最后死亡。适用于防除谷田阔叶杂草，如猪殃殃、马齿苋、龙葵、田旋花、蓼、苋等，对禾本科杂草无效。该除草剂在土壤中易降解，半衰期较短，一般不会对后茬作物造成药害。

2）2甲4氯：市场常见商品多以单剂和混剂形式出现，其中2甲4氯钠单剂以56%可溶粉剂和13%水剂居多。可在苗后4叶期左右施药，每亩用56% 2甲4氯钠可溶粉剂60～80克，兑水30～40千克，均匀喷雾。2甲4氯为苯氧乙酸类选择性内吸传导激素型除草剂，可以破坏双子叶植物的输导组织，使植物生长发育受到干扰，茎叶扭曲，茎基部膨大变粗或者开裂。可防除苋菜、马齿菜、藜、反枝苋、荠菜、田旋花、苣荬菜、刺儿菜、酸模叶蓼等阔叶杂草和莎草科杂草，对禾本科杂草无效（图71）。该除草剂对谷子安全性较高，正常情况下，施药后谷子会出现叶片变窄、直立上冲的症状，但15天后可恢复正常，对产量无明显影响，但在持续干旱、低温的情况下，会对谷苗产生较强抑制，甚至导致死苗。

图71　谷子苗期喷施2甲4氯除草剂（上：苗后喷雾；下：除草效果）

## 2. 抗除草剂谷子品种田间除草技术

由于谷子与禾本科杂草，特别是谷莠子、狗尾草等亲缘关系较近，在谷子上可用的安全、高效除草剂非常少。在施用禾本科专用除草剂时，往往会产生药害，对谷子的生长造成一定影响，严重的甚至会造成毁种。

1993年河北省农林科学院谷子研究所的王天宇研究员（现中国农业科学院作物研究所）等，从法国引进了多个抗除草剂的野生狗尾草资源，通过远缘杂交、快速回交等技术，创制出抗烯禾啶、氟乐灵和阿特拉津的单抗和复抗谷子新种质。在世界上第一次创制出抗性基因表达完全、遗传稳定、达到实用水平的单抗或复抗三类不同除草剂的谷子新种质。为谷子抗除草剂新品种选育奠定了基础，也为谷田除草带来了革命性的突破，尤其是对谷田恶性杂草谷莠子的防除提供了新技术。持续引进能有效防除谷莠子等禾本科杂草的高选择性除草剂是今后谷田除草技术研究的重要方向。

（1）**抗除草剂杂交谷子品种**：抗除草剂杂交种是将谷子抗除草剂的显性基因转入到恢复系，再与不抗除草剂的不育系进行杂交获得的杂交种；而未成功杂交的仍为不抗除草剂的不育系，苗后可通过喷施相应的除草剂达到去杂、除草和间苗的效果。

2004年张家口市农业科学院赵治海研究员等成功建立了将抗除草剂资源应用于杂种优势的模式，突破了杂交种去杂难、不育系保纯难、制种产量低等技术瓶颈，使谷子杂种优势实现了大面积生产利用。选育出具有抗烯禾啶除草剂特性的"张杂谷"系列杂交种，解决了谷子去杂和除草费工费时的难题（图72），极大地促进了杂交谷子的发展。

（2）**抗除草剂常规谷子品种**：2006年河北省农林科学院谷子研究所程汝宏研究员等培育出首批由抗、感除草剂同型姊妹系组成的多系谷子品种冀谷24（抗阿特拉津）和冀谷25（抗烯禾啶），通过喷施相应除草剂可以实现化学除草和化学间苗同时进行，开创性地通过育种方法和栽培措施的创新，实现了以化学间苗、化学除草

图72　杂交谷子喷施除草剂（上：喷施后不育系枯死；下：除草效果）

为核心的谷子简化栽培，降低了谷子间苗除草的劳动强度。2006年程汝宏又从加拿大引进了抗咪唑乙烟酸、抗烟嘧磺隆、抗嗪草硫醚的狗尾草资源，并于2013年育成第一个抗咪唑乙烟酸新品种冀谷33，2018年育成第一个抗烟嘧磺隆新品种冀谷43，2020年育成第一个抗嗪草硫醚新品种冀谷47。截至2020年，共育成单抗和复抗2～3种除草剂的简化栽培型谷子品种22个，获得相关育种方法发明专利5项，并带动全国共育成一百多个抗除草剂谷子品种。其中以张杂谷13号、张杂谷16号、张杂谷18号、金苗K1、冀谷39、冀杂金苗3号、长农47、中谷19、中谷25等为代表的一批优质抗除草剂品种，在生产上得到大面积应用，并成为优质米开发的骨干品种。

（3）**抗除草剂谷子品种除草模式**：在播种当天或播后2天内喷施44%谷友可湿性粉剂，夏播谷田每亩用量100克、春播谷田每亩用量120克，兑水40～50千克，在田间均匀喷雾，可封闭处理土壤、防除阔叶杂草。

之后在谷子3～5叶期，抗烯禾啶品种每亩用12.5%烯禾啶（拿捕净）乳油80～100毫升，兑水30～40千克，防治禾本科杂草；抗咪唑乙烟酸品种每亩用5%咪唑乙烟酸水剂150毫升兑水30～40千克或4%甲氧咪草烟水剂100毫升兑水30～40千克，防治禾本科杂草和部分阔叶杂草，阔叶杂草较重的地块加施20%氯氟吡氧乙酸异辛酯乳油40～50毫升混合喷雾（图73）。

图73 除草剂田间应用效果对比（上：未喷施除草剂；下：喷施除草剂）

## 3.谷田化学除草剂使用注意事项

（1）所谓抗除草剂谷子是指该品种对特定的一种或几种除草剂有明显抗性，并非抗所有除草剂。应严格按照品种特定除草剂的使用剂量和施用时期用药。下图是不抗烯禾啶品种的受害症状（图74）。

图74 非抗除草剂品种苗期喷施烯禾啶后产生药害（上：大田表现；下：受害状）

（2）在种植抗除草剂谷子品种的田块，要注意拔除遗留的杂草，特别是要在籽粒形成前拔除狗尾草和谷莠子，避免抗性基因漂移。应用抗除草剂品种的谷田要注意轮作，与其他作物如玉米、大豆等倒茬，或者与抗不同除草剂的谷子品种间倒茬，以降低杂草对谷子配套除草剂抗药性的产生。同时，要特别注意除草剂残留对下茬作物的影响。

（3）目前市场上除了南开大学研发的谷友通过了国家农药登记外，其他除草剂均未在谷子田获得登记，需要谨慎使用。除草剂的除草效果易受气温、土质、墒情等环境因素的影响，抗除草剂品种要在谷苗3叶期之后喷施特定除草剂，在持续低温干旱的情况下，宜在气温回升、墒情改善之后喷施除草剂；特别是双子叶杂草除草剂，不同谷子品种对除草剂的耐受性和敏感度存在明显的差异，因此建议在施用除草剂前进行小面积试用，确定无药害后，再进行大面积应用。

（4）施药前一定要仔细阅读除草剂的使用说明书和注意事项，严格按照除草剂的推荐剂量使用，保证兑水量。使用前应充分洗涤药械，避免残留药液产生药害。应选择在晴天、无风或风小的天气作业，避免对周围的敏感作物造成药害。施药时避免药械故障引起药害或降低除草效果，喷洒要均匀，不能漏喷，除了抗除草剂品种对特定除草剂具有较强抗性外，其他除草剂要避免重复喷施。

（5）施用除草剂时应做好防护工作，避免人、畜中毒。施药完成后及时清洗施药设备，以免再次使用对作物造成药害或影响其他药剂的应用效果。冲洗后的残液不可随意倾倒在田间地头，需妥善处理。

# 参 考 文 献

白金铠, 汪志红, 胡吉成, 1989. 谷子腥黑穗病的侵染途径和生物学特性研究 [J]. 植物病理学报, 19(1): 27-33.

白金铠, 1997. 杂粮作物病害 [M]. 北京: 中国农业出版社.

白雪, 陈悦, 白庆荣, 等, 2019. 糜子细菌性条斑病病原菌鉴定及其对 13 种杀菌剂的敏感性 [J]. 植物保护学报, 46(6): 1233-1242.

曹骥, 李光博, 贾佩华, 1953. 京郊粟灰螟生活史研究 [J]. 昆虫学报, 3(1): 1-14.

曹骥, 1979. 利用栽培方法防治粟灰螟的探讨 [J]. 植物保护学报, 6(1): 51-56.

陈善铭, 魏嘉典, 陈品三, 等, 1956. 采用无病种子防治谷子线虫病 [J]. 植物保护 (4): 234-235.

陈善铭, 郑家兰, 陈品三, 等, 1962. 谷子线虫病防治研究 [J]. 植物保护学报, 1(3): 221-230.

崔光先, 郑桂春, 董志平, 1992. 我国北方粟新品种对锈病抗性的研究 [J]. 华北农学报, 7(2): 117-122.

董立, 马继芳, 董志平, 2013. 谷子病虫草害原色生态图谱 [M]. 北京: 中国农业出版社.

董立, 马继芳, 郑直, 等, 2010. 谷子线虫病品种抗性鉴定及拌种药剂筛选 [J]. 河北农业科学 (14): 54-55.

董立, 马继芳, 郑直, 等, 2010. 我国谷子害虫种类初步调查 [J]. 河北农业科学, 14(11): 51-53.

董立, 全建章, 陆平, 等, 2015. 谷子主要生产品种抗瘟性鉴定 [J]. 中国植保导刊, 35(7): 33-36

董立, 郑直, 马继芳, 等, 2010. 谷子主要病虫害无公害防治技术 [J]. 现代农村科技 (14): 26-27.

董淑红, 2019. 谷子粟缘蝽防治技术 [J]. 现代农村科技 (3): 22.

董志平, 甘耀进, 2002. 河北省谷子害虫种类调查及防治对策 [J]. 河北农业科学 (2): 49-51.

董志平, 李青松, 高立起, 等, 2003. 谷子纹枯病发生规律及影响因素 [J]. 华北农学报, 18: 103-107.

董志平, 赵兰波, 1995. 谷锈菌生理分化及谷子抗锈性研究初报 [J]. 河北农业大学学报, 18(4):45-48.

樊振梅, 曹荣, 2021. 几种药剂对谷瘟病的田间防效 [J]. 安徽农学通报, 27(21): 104-105.

甘耀进, 董志平, 2007. 粟芒蝇 [M]. 北京: 科学出版社.

甘耀进, 周汉章, 高立起, 等, 1989. 粟芒蝇危害谷子症状类型 [J]. 植物保护, 15(5): 39.

郭美俊, 白亚青, 高鹏, 等, 2020. 二甲四氯胁迫对谷子幼苗叶片衰老特性和内源激素含量的影响 [J]. 中国农业科学, 53(3): 513-526.

郭鹏, 郭惠杰, 郝焕焕, 等, 2019. 谷子粒黑穗病病菌萌发条件及其对生物杀菌剂敏感性测定 [J]. 中国植保导刊, 39(9): 21-25.

李秉华, 刘小民, 许贤, 等, 2022. 6种除草剂对谷子的安全性和杂草防效 [J]. 中国农学通报, 38 (19): 133-138.

李青松, 高立起, 梁秋华, 等, 2000. 粟纹枯病分级标准研究 [J]. 河北农业科学 (3): 43-46.

李志华, 景小兰, 李会霞, 等, 2017. 谷子苗期除草剂的安全性及杂草防效研究 [J]. 作物杂志 (1): 150-154.

刘佳, 马继芳, 王永芳, 等, 2022. 粟负泥虫对不同植物的产卵和取食选择 [J]. 河北农业科学, 26(3): 43-46.

刘建军. 1989. 粟茎跳甲生活习性的观察 [J]. 昆虫知识 (5): 41-44.

刘鑫, 田岗, 王枫叶, 等, 2016. 谷田中双斑长跗萤叶甲种群动态初步研究 [J]. 中国农学通报, 32(21): 177-180.

刘洋, 赵秀梅, 郑旭, 等, 2021. 谷子细菌性褐条病绿色防控杀菌剂的筛选 [J]. 黑龙江农业科学, 7: 38-41.

刘紫娟, 李萍, 宗毓铮, 等, 2017. 大气 $CO_2$ 浓度升高对谷子生长发育及玉米螟发

生的影响 [J]. 中国生态农业学报, 25(1): 55-60.

马继芳, 石爱丽, 王永芳, 等, 2019. 利用性诱剂监测与防控谷田玉米螟危害的初步研究 [J]. 农业灾害研究, 9(3): 7-9.

南春梅, 李顺国, 夏雪岩, 等, 2018. 中国谷子主产区病虫鸟害发生程度与防治思路 [J]. 农业展望 (1): 26-34.

裴美云, 许顺根, 1958. 小米红叶病的研究Ⅲ. 小米红叶病的传染方法 [J]. 植物病理学报, 4(2): 87-93.

商鸿生, 王凤葵, 沈瑞清, 等, 2005. 玉米高粱谷子病虫害诊断与防治 [M]. 北京: 金盾出版社.

上官学平, 2021. 粟叶甲在晋城的发生与防治 [J]. 中国植保导刊, 41(11): 48-50.

宋喜娥, 郭浩璇, 刘亚楠, 等, 2020. 山西省晋中市春播谷田杂草发生情况调查与分析 [J]. 杂草学报, 38(2): 9-15.

王金成, 林宇, 顾建锋, 等, 2015. 河北省谷子线虫病的病原鉴定 [J]. 华北农学报, 30(6): 176-181.

王龙虎, 魏浩, 樊建斌, 2015. 晋东南地区粟芒蝇的发生情况及防治措施 [J]. 中国农技推广, 31(7): 42.

王书军, 颜金龙, 2022. 粟灰螟卵初盛期与气象因子关系及预测发生期研究 [J]. 河北农业 (8):76-78.

王振华, 王宏富, 刘鑫, 等, 2018. 双斑长跗萤叶甲在相邻农田生态系统中种群消长规律 [J]. 植物保护, 1: 161-165.

吴仁海, 职倩倩, 魏红梅, 等, 2017. 谷子苗前除草剂及其安全剂筛选 [J]. 农药 (9): 685-687.

续刚太, 秦路林, 续陪德, 2003. 粟灰螟发生规律初步研究 [J]. 中国植保导刊, 23(12):19-20.

闫锋, 2022. 不同拌种剂对谷子白发病的防效评价 [J]. 黑龙江农业科学 (6):49-52.

闫鑫, 王鹤, 黄国丽, 等, 2022. 谷子白发病菌最适侵染条件及接菌技术研究 [J]. 山西农业大学学报, 42(1): 98-104.

杨雪芳, 孙鹏, 孙大生, 等, 2020. 化感物质衍生物吡喃酮对不同谷子品种的安全性评价 [J]. 应用生态学报, 31(7): 2236-2242.

俞大绂, 许顺根, 裴美云, 1959. 小米红叶病的研究Ⅳ. 小米红叶病的发生、发展及其防治[J]. 植物病理学报, 5(1): 12-20.

俞大绂, 1987. 粟病害[M]. 北京: 科学出版社.

张姹, 柴晓娇, 沈轶男, 等, 2021. 30%噻虫嗪·咯菌腈·精甲霜灵FS对谷子白发病和粟叶甲的防治效果[J]. 贵州农业科学, 49(7): 46-50.

郑桂春, 崔光先, 董志平, 等, 1990. 谷子锈菌夏孢子越冬侵染研究初报[J]. 植物病理学报, 20: 246.

中国农业科学院植物保护研究所、中国植物保护学会, 2015, 中国农作物病虫害[M]. 北京: 中国农业出版社.

Rajan S, Girish A G, Upadhyaya H D, et al., 2014. Identification of blast resistance in a core collection of foxtail millet germplasm[J]. Plant disease, 98: 519-524.

Shen H R, Dong Z P, Wang Y F, et al., 2020. First report of dwarf disease in foxtail millet (*Setaria italica*) caused by barley yellow striate mosaic virus in China[J]. Plant Disease, 104(4): 1262.

Wu Z R, Zhou Y Y, Tan G J, et al., 2018. First report of bacterial leaf stripe caused by *Acidovorax avenae* subsp. *avenae* on foxtail millet in China[J]. Plant Disease, 12: 2632.

# 附录一　谷子病虫害田间症状诊断检索表

## （一）苗期（幼苗—拔节）

病害：谷瘟病、白发病、纹枯病、丛矮病

虫害：蝼蛄、蛴螬、金针虫、根土蝽、拟地甲、粟鳞斑肖叶甲、粟凹胫跳甲、粟负泥虫、褐足角胸肖叶甲、蟋蟀、粟芒蝇、黑麦秆蝇、蚜虫、叶螨、棉铃虫、蝗虫、黏虫、粟灰螟

### 1.根茎受害

#### 1.1　未出苗即受害

1.1.1　出土前根芽腐烂…………………………………… 白发病（芽死）

1.1.2　出土前根芽被咬断，在周围土中可见害虫

可见灰褐色米粒大小的甲虫……………………………粟鳞斑肖叶甲

可见体壁坚硬光滑的褐色钢丝状幼虫，胸足3对 ……………拟地甲幼虫

#### 1.2　植株萎蔫或死亡

1.2.1　茎基部有蛀孔

1.2.1.1　蛀孔周围有排泄物

剥开后可见体背有5条紫褐色纵纹的幼虫 …………………………粟灰螟

1.2.1.2　蛀孔周围无排泄物

剥开后可见体背有不规则暗褐色斑点，胸足3对的甲虫 …………粟凹胫跳甲

根部附近有体壁坚硬光滑的黄褐色钢丝虫………………………金针虫

1.2.2　茎基部无蛀孔

1.2.2.1　心叶萎蔫、枯死，剥开可见蛆状幼虫

幼虫尾端气门孔黑色······································粟芒蝇

幼虫尾端气门孔无色·····································黑麦秆蝇

1.2.2.2　根茎处或根部被咬断

附近可见体壁多皱褶的乳白色C形幼虫··················蛴螬

被害处呈乱麻状，土表有隆起隧道······················蝼蛄

1.2.2.3　谷苗被齐根咬断

土中可见5毫米以上的灰褐色甲虫······················拟地甲成虫

土中可见2.5毫米左右的灰褐色甲虫 ·················粟鳞斑肖叶甲

田间可见黑色或黄褐色、后腿健壮善跳的害虫············蟋蟀

## 1.3　植株矮缩，黄化

1.3.1　植株矮缩

植株节间缩短，矮化，<u>丛生</u>，<u>直立</u>····················丛矮病

1.3.2　植株下部叶片黄化

根际土中有黄色至黄褐色圆形虫子，有臭味···············根土蝽

茎基部叶鞘上有褐色云纹状病斑··························纹枯病

# 2.叶部受害

## 2.1　叶片残缺

2.1.1　叶片缺刻或出现孔洞

2.1.1.1　叶片呈缺刻

田间可见黄褐色或绿色、后腿健壮善跳的害虫············蝗虫

叶片上可见体表有多条各色体线，头部有"八"字纹的幼虫············黏虫

2.1.1.2　叶片有孔洞

叶片上可见体表具各色毛片和刚毛的幼虫···············棉铃虫

叶肉被啃食呈筛网状孔洞，可见蓝色、绿色或棕色甲虫·······褐足角胸肖叶甲

2.1.2　叶片上有条斑

2.1.2.1　叶片上有断续的细条斑

长度多大于1厘米 ·············································· 粟负泥虫成虫

长度多小于1厘米 ·········································· 粟凹胫跳甲成虫

2.1.2.2　心叶上有不规则宽条斑，可见白色幼虫 ·············· 粟负泥虫幼虫

## 2.2　叶片完整

2.2.1　叶片上有大块黄色斑

叶片上有由叶基向叶尖扩展的黄色条斑，潮湿时叶背有白色霉层··········· ·························································· 白发病（灰背）

叶片上有不规则黄色斑块，潮湿时叶背有白色霉层········ 白发病（局部黄斑）

2.2.2　叶片上有较多的褐色或白色斑点

2.2.2.1　叶片上有褐色斑

叶片上有褐色点状斑或边缘褐色、中心白色的眼形斑················谷瘟病

叶片上有不规则的褐色斑，叶背或心叶内有密集的绿色小虫···············蚜虫

2.2.2.2　叶片上有白色斑点

叶片上密布针尖大小的白色斑点，叶背有红色小虫群集活动···············叶螨

# （二）拔节期（拔节—抽穗）

　　病害：白发病、谷瘟病、纹枯病、细菌性褐条病、红叶病、丛矮病

　　虫害：黏虫、粟负泥虫、粟芒蝇、黑麦秆蝇、褐足角胸肖叶甲、蚜虫、玉米螟

## 1.根茎受害

茎节被蛀，蛀孔处有排泄物，剥开可见背中线明显的幼虫···············玉米螟

叶鞘上有云纹状病斑，有时可见白色或褐色颗粒状菌核···············纹枯病

## 2.叶部受害

### 2.1 叶片有明显的咬食痕迹

#### 2.1.1 被咬食叶片呈缺刻或出现孔洞

叶片呈缺刻，可见体表有多条各色体线，头部有"八"字纹的幼虫·········黏虫

叶肉被啃食，形成膜状表皮或筛网状孔洞，可见蓝色、绿色、棕黄色或棕红色
甲虫·····················褐足角胸肖叶甲

#### 2.1.2 被咬食叶片呈条斑

心叶被舔食为白色宽条斑，可见背部有1条黑色纵线的白色幼虫··············
·····················粟负泥虫幼虫

叶片被啃食为断续细条斑，长度大于1厘米·············粟负泥虫成虫

### 2.2 叶片未见咬食痕迹

#### 2.2.1 仅心叶受害

##### 2.2.1.1 心叶枯死，剥开可见蛆状幼虫

心叶卷曲呈炮捻状，后期枯死，幼虫尾端气门孔黑色·············粟芒蝇

心叶畸形，不能展开，幼虫尾端气门孔无色·············黑麦秆蝇

##### 2.2.1.2 心叶畸形

心叶呈黄白色卷筒状，直立不能展开·············白发病（白尖）

心叶内密布绿色虫子，不能展开或腐烂·····················蚜虫

心叶基部可见与叶脉平行的褐色条纹，有时腐烂或枯死·········细菌性褐条病

#### 2.2.2 全株叶片均可受害

叶片有褐色点状斑或中心白色、边缘褐色的眼形斑·············谷瘟病

## 3.植株矮缩、黄化或丛生

叶片上冲，变红或变黄·····················红叶病

叶片浓绿，节间缩短，有时丛生或叶片黄化·············丛矮病

# （三）成株期（抽穗—成熟）

病害：谷锈病、谷瘟病、纹枯病、粒黑穗病、腥黑穗病、轴黑穗病、褐条病、白发病、红叶病、丛矮病、线虫病

虫害：粟灰螟、玉米螟、玉米蚜、大青叶蝉、粟芒蝇、黏虫、稻纵卷叶螟、甘薯跳盲蝽、赤须盲蝽、粟缘蝽、棉铃虫、褐足角胸肖叶甲、狗尾草角潜蝇、双斑长跗萤叶甲、黑麦秆蝇

## 1. 根茎部受害

### 1.1　有蛀孔，蛀孔处有排泄物

剥开可见幼虫，体背有5条紫褐色纵纹 ……………………………………粟灰螟

剥开可见幼虫，体背有3条纵纹，仅背中线明显 ……………………………玉米螟

### 1.2　无蛀孔

叶鞘上有云纹状病斑，有时可见白色或褐色菌核………………………………纹枯病

## 2. 叶部受害

### 2.1　被咬食叶片呈缺刻或出现孔洞

叶片呈缺刻，可见体表有多条各色体线，头部有"八"字纹的幼虫………黏虫

叶肉被啃食，形成膜状表皮或筛网状孔洞，可见蓝色、绿色、棕黄色或棕红色
甲虫 …………………………………………………………………褐足角胸肖叶甲

### 2.2　叶片有斑点或条带

#### 2.2.1　叶片斑点呈褐色或铁锈色

叶片的病斑上着生铁锈色粉状物………………………………………………谷锈病

叶片有褐色点状斑或中心白色、边缘褐色的眼形斑……………………………谷瘟病

#### 2.2.2　叶片斑点呈银白色雪花状

害虫黑色，体背有密集小白点，体长1.1毫米左右 …………………………甘薯跳盲蝽

害虫绿色，触角红色，体长1.1～1.5毫米 …………………………………赤须盲蝽

害虫青绿色，体形似蝉，体长7～10毫米 ·······················大青叶蝉

### 2.2.3 叶片上有白色条带

叶肉被取食后，仅留上、下表皮，呈不规则条带状···············狗尾草角潜蝇

## 2.3 叶片扭曲畸形

### 2.3.1 仅心叶受害

#### 2.3.1.1 心叶枯死，剥开有时可见蛆状幼虫

心叶卷曲呈炮捻状，后期枯死，幼虫尾端气门孔黑色·················粟芒蝇

心叶畸形不能展开，幼虫尾端气门孔无色·······················黑麦秆蝇

#### 2.3.1.2 心叶畸形

心叶黄白色或红褐色，后期散出褐色粉状物，叶片撕裂，呈白发状······白发病

心叶基部可见与叶脉平行的褐色条纹，有时腐烂或枯死···············褐条病

### 2.3.2 下部叶片受害

叶片纵卷呈筒状，内有害虫啃食叶片，仅留一层表皮···············稻纵卷叶螟

# 3.穗部受害

## 3.1 穗部坏死或畸形

### 3.1.1 穗部干枯、坏死

#### 3.1.1.1 茎节有蛀孔，蛀孔处有排泄物

剥开可见幼虫，体背有5条紫褐色纵纹 ·······················粟灰螟

剥开可见幼虫，体背有3条纵纹，仅背中线明显 ·················玉米螟

#### 3.1.1.2 茎节无蛀孔

穗轴基部被蛀食，可见蛆状幼虫，尾端气门孔黑色···············粟芒蝇

穗轴或小穗轴变褐，其上全穗或部分小穗坏死，叶片上可见中心白色、边缘褐
　　色的眼形斑···············································谷瘟病

### 3.1.2 穗小或畸形

#### 3.1.2.1 穗小、不能结实或不能充分抽出

上部叶片红色或黄色·····································红叶病

叶片浓绿、矮缩……………………………………………………丛矮病

穗或部分小穗变褐，上部叶片基部可见与叶脉平行的褐色条纹…………褐条病

穗或部分小穗腐烂，其上有绿色群集小虫……………………………蚜虫

### 3.1.2.2　穗部畸形

整穗或部分无粒，呈扫帚或刺猬状……………… 白发病（刺猬头）

## 3.2　籽粒被害

### 3.2.1　籽粒被害、不能结实

#### 3.2.1.1　全穗或部分籽粒变为黑色粉状物

##### 3.2.1.1.1　全穗籽粒被害

穗部初为青灰色，后期散出黑色粉状物………………………………粒黑穗病

##### 3.2.1.1.2　部分籽粒被害

穗上被害籽粒较健粒稍大，黑粉内部偶见中轴………………………轴黑穗病

穗上被害籽粒比健粒大 2～3 倍，初为深绿色，后变为黑褐色………腥黑穗病

#### 3.2.1.2　全穗或部分籽粒秕瘦，尖形

穗轻直立，向阳面为红紫色或苍绿色，颖片多张开……………………线虫病

### 3.2.2　籽粒破损

籽粒被啃食，可见体表具各色毛片和刚毛的幼虫……………………棉铃虫

籽粒被刺吸成秕谷或仅留颖片，田间可见背部有两个白斑的甲虫………
………………………………………………………………双斑长跗萤叶甲

籽粒被刺吸成秕谷，穗部有红色蝽若虫或成虫…………………………粟缘蝽

# 附录二 谷子主要病虫草害全程绿色防控技术

谷子病虫草害防控需要贯彻"预防为主、综合防治"的植保方针，优先利用轮作倒茬、秋后深翻、播前清除杂草、选用抗性品种、收获后秸秆离田利用等绿色防控技术压低病虫草害基数，以物理、生物防治为重点，根据谷子不同种植类型区病虫草害的种类及发生特点，配合"一拌两喷"统防统治预防措施，构建谷子主要病虫草害的绿色防控技术体系，获得最佳经济、社会和生态效益。

谷子在我国分布广泛，谷子病虫害发生的种类和危害程度因种植方式和生态条件的不同，存在较大差异，按照病虫害发生特点和防治重点分为水浇地春谷类型区、水浇地夏谷类型区、丘陵旱薄地谷子类型区，不同种植类型区病虫害种类及发生特点见附表，并阐述了分区治理技术重点，一并供大家参考。

## （一）播前准备

### 1. 品种选择

优先选用抗（耐）病虫性好、抗除草剂品种，忌用高感品种。

### 2. 轮作倒茬

可与豆类、薯类、玉米、高粱等作物实行两年及以上轮作倒茬。

### 3. 整地

水浇地春谷或丘陵旱薄地谷子一年一季种植区，前茬作物收获后及时整地，旋耕、灭茬或翻耕，清除田间及周边杂草，播种前再次旋耕并耙平。

水浇地夏谷区，一是普通麦茬地播种谷子时，可在小麦收获后灭茬或旋耕，灌透水，3～4天后麦苗和杂草出土，亩用20%草铵膦水剂100～150毫升喷施表面，然后进行播种；二是高肥水田小麦收获后，机器捡拾秸秆，杂草多时，可亩用20%草铵膦水剂100～150毫升喷施表面，播种后浇水。

### 4. 安装杀虫灯

有条件的种植大户可以安装杀虫灯，每30～50亩安装1盏，可诱杀玉米螟、粟灰螟、黏虫、棉铃虫、金龟子、蝼蛄等趋光性害虫。

### 5. 种子处理

#### 5.1 选择无病种子

选用不携带种传粒黑穗病的谷子种子；优先选用不携带种传白发病、线虫病的谷子种子。

#### 5.2 温汤浸种

55～57℃温水浸种10分钟，预防种传白发病、线虫病。

#### 5.3 药剂拌种

优选商品包衣种子，或根据当地病虫害发生情况，选用经国家审定登记的专用种衣剂或药剂进行包衣或拌种。一般先拌杀虫剂，后拌杀菌剂。

白发病：用350克/升精甲霜灵种子处理乳剂，按种子重量的0.2%～0.3%拌种。

线虫病：用40%辛硫磷乳油，按种子重量的0.2%～0.3%拌种。避光堆闷4小时，晾干后播种。

纹枯病：用2.5%咯菌腈悬浮剂，按种子重量的0.2%～0.3%拌种。

红叶病：用70%吡虫啉湿拌种剂或70%噻虫嗪湿拌种剂，按种子重量的0.3%拌种，防治传毒介体蚜虫，兼治蝼蛄、金针虫、蛴螬等地下害虫和粟芒蝇、粟负泥虫、粟凹胫跳甲等苗期害虫。

水浇地春谷重点预防白发病和粟负泥虫等；水浇地夏谷重点预防白发病兼顾线虫病；丘陵旱薄地谷子根据当地病虫害发生情况重点预防苗期害虫和地下害虫。

# （二）播　　种

## 1.播种方法

水浇地夏谷类型区：适期早播。

水浇地春谷类型区：适期晚播、浅播，或覆膜，促进出苗。

丘陵旱薄地谷子类型区：等雨抢墒播种，在5月及之前播种的谷子，需要浅播，促进出苗。

## 2.播种量及密度控制

播种量参照品种说明，一般亩用种量0.2～0.5千克。

水浇地夏谷类型区：合理密植，亩播种密度控制在4万～5万株。

水浇地春谷类型区：根据品种特性和本区域栽培习惯，亩播种密度控制在2万～4万株。

丘陵旱薄地谷子类型区：在4月下旬至5月播种的谷子，根据品种特性和本区域栽培习惯，亩播种密度控制在1万～3万株；在6月及以后播种的谷子，亩播种密度控制在3万～4万株。

### 3.播后苗前除草

播种当天或播后2天内，亩用10%单嘧磺隆可湿性粉剂100～120克，兑水30～50千克在田间均匀喷雾。避免阴雨天使用。

### 4.撒毒谷

用于蝼蛄、蟋蟀等害虫诱杀。播种后出苗前，每亩用40%辛硫磷乳油100毫升，加适量水拌炒香的棉籽饼、豆饼、麦麸或煮半熟的谷子（晾干）3～4千克，制成毒饵，在傍晚撒于田间。

# （三）苗　　期

### 1.定苗、中耕

谷苗4～5叶期，结合中耕除草，先疏苗后定苗。留苗密度参照播种量及密度控制。去除病苗、虫苗、弱苗，带出田外销毁或深埋。

### 2.苗期病虫草害防治

#### 2.1　苗期病害防治

白发病：亩用25%甲霜灵可湿性粉剂100克，针对心叶喷雾。

叶瘟病：亩用450克/升咪鲜胺水乳剂45～55克、250克/升嘧菌酯悬浮剂20～40毫升、2%春雷霉素水剂80～100克，或35%咪鲜·乙蒜素可溶液剂25～30毫升等，任选其一喷雾。

纹枯病：亩用24%噻呋酰胺悬浮剂20～25毫升，或5%井冈霉素水剂100～150克喷雾。

红叶病：亩用70%吡虫啉水分散粒剂2～4克，或5%高效氯氟氰菊酯水乳剂30～40毫升，全田连同周边杂草一起喷雾，杀灭红叶病传播介体蚜虫。

2.2　苗期虫害防治

粟芒蝇：亩用70%吡虫啉水分散粒剂2～4克，或5%高效氯氰菊酯水乳剂30～40毫升，任选其一，针对茎秆喷雾。

蝗虫、蟋蟀：亩用5%高效氯氰菊酯水乳剂30～40毫升或2.5%溴氰菊酯微乳剂15～20毫升，全田连同周边杂草一起喷雾。

粟负泥虫、粟凹胫跳甲、粟鳞斑肖叶甲：亩用70%吡虫啉水分散粒剂2～4克，或5%高效氯氰菊酯水乳剂30～40毫升，任选其一喷雾。

2.3　苗期除草

抗除草剂谷子品种使用专用除草剂除草。在谷子3～5叶期，抗烯禾啶品种亩用12.5%烯禾啶乳油80～100毫升，兑水20～30千克喷雾，防治禾本科杂草；抗咪唑乙烟酸品种亩用5%咪唑乙烟酸水剂150～200毫升或4%甲氧咪草烟水剂100～150毫升，兑水30～40千克，防治禾本科杂草和部分阔叶杂草。阔叶杂草较重的地块加20%氯氟吡氧乙酸异辛酯乳油40～50毫升混合喷雾。

不抗除草剂谷子品种田间阔叶杂草多，亩用20%氯氟吡氧乙酸异辛酯乳油66.7～100毫升，或56%2甲4氯异辛酯乳油100～120毫升喷雾。单子叶杂草多时，用中耕机铲除。

2.4　苗期一喷多防

根据当地常发病虫草害种类及前期采用的种子处理等措施，选择性对以上病虫草害进行喷雾防治：

水浇地夏谷类型区，重点防控叶瘟病、粟芒蝇。

水浇地春谷类型区，重点防控白发病、粟负泥虫等。

丘陵旱薄地谷子类型区：重点防控蝗虫、蟋蟀、粟鳞斑肖叶甲等苗期害虫。

每亩添加0.01%芸苔素内酯可溶液剂20～30毫升或5%氨基寡糖素10毫升等有利于壮苗。药剂随用随配，禁忌不可搭配的品种混配。

## （四）拔节—孕穗期

水浇地夏谷类型区：若气候潮湿多雨，注意防治叶瘟病。选用药剂可参考苗期病害防治之中的叶瘟病部分，发生严重间隔5～7天再喷1次。

水浇地春谷类型区：注意雨后对褐条病的防治，亩用80%乙蒜素乳油23～30克、0.3%四霉素水剂50～60毫升、85%三氯异氰尿酸可溶性粉剂32～42克或20%噻菌铜悬浮剂60～100克等，任选其一对心叶进行喷雾防治，加入吡虫啉等杀虫剂效果更佳。

丘陵旱薄地谷子类型区：种植密度大、雨水多、田间湿度大时，注意叶瘟病；种植密度小时，雨后注意褐条病，防治方法同上。

杂草发生较重的地块，可以采用人工或中耕除草机进行中耕除草和培土。

## （五）抽穗—扬花期（成株期）

### 1.成株期田间清洁生产

抽穗期拔除田间白发病病株，主要是白尖，带到田外销毁或深埋（>30厘米）。

### 2.成株期病虫害防治

#### 2.1 成株期病害防治

穗瘟病：选用药剂参考苗期病害防治的叶瘟病部分，在谷子抽穗后开花前进行喷雾。

谷锈病：亩用15%三唑酮可湿性粉剂60～80克、50%丙环唑微乳剂30～40毫升或10%苯醚甲环唑水分散粒剂40～60毫升等药剂，任选其一进行喷雾，严重时5～7天再喷1次。

同时防治谷瘟病和谷锈病，可亩用325克/升苯甲·嘧菌酯悬浮剂12～24毫升或18.7%丙环·嘧菌酯悬浮剂50～70毫升进行喷雾。

**2.2　成株期虫害防治**

玉米螟、粟灰螟、棉铃虫：亩用5%高效氯氰菊酯水乳剂30～40毫升、8 000国际单位/微升苏云金杆菌悬浮剂100毫升、200克/升虫苯甲酰胺悬浮剂3～5毫升或5%甲氨基阿维菌素苯甲酸盐水分散粒剂10毫升等，任选其一进行喷雾。

黏虫：亩用200克/升氯虫苯甲酰胺悬浮剂10～15毫升、25%灭幼脲悬浮剂30～40毫升或20%除虫脲悬浮剂20～25毫升等，任选其一进行喷雾。

叶螨：亩用1.8%阿维菌素乳油30～40毫升、240克/升螺螨酯悬浮剂10～15毫升或20%乙螨唑悬浮剂8～11毫升等，任选其一进行喷雾。

蝽类、蚜虫：亩用22%氟啶虫胺腈悬浮剂40～60毫升、70%吡虫啉水分散粒剂2～4克或20%啶虫脒可溶性粉剂6～12克等，任选其一进行喷雾。

双斑长跗萤叶甲：亩用70%吡虫啉水分散粒剂2～4克或5%高效氯氰菊酯水乳剂30～40毫升等，任选其一进行喷雾。

**2.3　成株期一喷多防**

根据当地常发病虫害种类及前期采用的措施，选择性地对以上病虫害进行喷雾防治。

水浇地夏谷类型区：重点防控谷瘟病、谷锈病。

水浇地春谷类型区：重点防控穗瘟、双斑长跗萤叶甲等。

丘陵旱薄地谷子类型区：重点防控叶螨、蚜虫和蝽类等害虫。

每亩添加0.01%芸苔素内酯可溶液剂20～30毫升或磷酸二氢钾100克等有利于植株健壮，增强光合性能。药剂随用随配，禁忌与不可搭配的品种混配。

## （六）灌浆期

### 1.灌浆期田间清洁生产

制种田剪掉粒黑穗病病穗，生产田剪掉线虫病病穗，带到田外深埋或销毁。

### 2.灌浆期病虫草害防治

单一病虫草害发生严重，达到防治指标时则进行防治。

谷锈病田间病叶率达到1%～5%，谷子穗瘟病穗率达到5%，黏虫百株虫量达到20头或穗部害虫百株虫量达到20头时，进行单一病虫害防治，选用农药参考成株期病虫害防治部分。

对前期防除不彻底的杂草，特别是防治难度大的多年生田旋花，一年生葎草、牵牛、马齿苋等杂草，应在杂草种子未形成前彻底拔除，减轻翌年扩散危害。

## （七）收获期

收获时，发现遗留的白发、刺猬头等白发病病株要带出田外销毁或深埋；谷瘟病、谷锈病、线虫病、玉米螟等发生严重的地块，可将谷草清理出谷田后用作饲料或沤肥；收获后及时深翻，破坏病虫草害栖息场所，压低基数，减少翌年病虫草害。

附表　谷子不同种植类型区病虫害种类及发生程度

| 类型 | | 水浇地夏谷类型区 | 水浇地春谷类型区 | 丘陵旱薄地谷子类型区 |
|---|---|---|---|---|
| 种植特点 | | 麦茬谷，湿度大，谷瘟病等病害重 | 密度小，一年一季，播种温度低，出苗慢，白发病重 | 干旱，杂草多，粟负泥虫等虫害重 |
| 病虫害种类 | 病害 | 白发病、谷锈病、线虫病、褐条病、红叶病 | 白发病、谷瘟病、谷锈病、粟黑穗病、纹枯病、红叶病、褐条病 | 白发病、谷瘟病、谷锈病、粒黑穗病、红叶病 |
| | 害虫 | 黏虫、玉米螟、蝼蛄、蟋蟀、棉铃虫、蚜虫 | 黏虫、玉米螟、粟凹胫跳甲、蝼蛄、蟋蟀、蝗虫、棉铃虫、蚜类、双斑长跗萤叶甲、粟负泥虫 | 黏虫、玉米螟、粟凹胫跳甲、粟鳞斑肖叶甲、蝼蛄、蝗虫、棉铃虫、蟋蟀、蚜类、双斑长跗萤叶甲、红蜘蛛 |
| 特异病虫害 | | 线虫病 | 黑穗病、粟灰螟、双斑长跗萤叶甲 | 红蜘蛛、粟鳞斑肖叶甲 |
| 病虫害发生程度 | 严重病虫害 | 谷瘟病、谷锈病、粟芒蝇、纹枯病 | 白发病、褐条病、穗瘟病、粟芒蝇 | 病毒病、粟负泥虫、蟋蟀、蝗虫、蚜虫、蟓类 |
| | 极少发生病虫害 | 黑穗病、粟灰螟、粟负泥虫、粟鳞斑肖叶甲、双斑长跗萤叶甲 | 线虫病 | 纹枯病、褐条病 |

# 图书在版编目（CIP）数据

谷子病虫草害防治原色生态图谱/刘佳，李志勇，董志平主编. —2版 —北京：中国农业出版社，2024.2

ISBN 978-7-109-31836-6

Ⅰ.①谷… Ⅱ.①刘…②李…③董… Ⅲ.①谷子－病虫害防治－图谱②谷子－除草－图谱 Ⅳ.①S435.15-64②S451.22-64

中国国家版本馆CIP数据核字（2024）第059558号

谷子病虫草害防治原色生态图谱（第二版）
GUZI BINGCHONG CAOHAI FANGZHI YUANSE
SHENGTAI TUPU (DIER BAN)

中国农业出版社出版
地址：北京市朝阳区麦子店街18号楼
邮编：100125
责任编辑：杨彦君 阎莎莎
版式设计：杨 婧 责任校对：吴丽婷 责任印制：王 宏
印刷：北京中科印刷有限公司
版次：2024年2月第2版
印次：2024年2月北京第2版第1次印刷
发行：新华书店北京发行所
开本：880mm×1230mm 1/32
印张：5.5
字数：140千字
定价：48.00元

版权所有·侵权必究
凡购买本社图书，如有印装质量问题，我社负责调换。
服务电话：010－59195115 010－59194918